Inderfurth

Zur Güte linearer Entscheidungsregeln in Produktions-Lagerhaltungs-Modellen

Beiträge zur betriebswirtschaftlichen Forschung

Herausgegeben von
Prof. Dr. Horst Albach, Bonn
Prof. Dr. Herbert Hax, Köln
Prof. Dr. Paul Riebel, Frankfurt/Main
Prof. Dr. Klaus v. Wysocki, München

Band 47

Karl Inderfurth

Zur Güte linearer Entscheidungsregeln in Produktions-Lagerhaltungs-Modellen

Springer Fachmedien Wiesbaden GmbH 1977

D 188

Ursprünglich erschienen bei Westdeutscher Verlag GmbH, Opladen 1977

Graphische Konzeption des Reihentitels von Hanswerner Klein, Opladen
Druck und Buchbinderei: Lengericher Handelsdruckerei, Lengerich/Westf.

ISBN 978-3-531-11402-6 ISBN 978-3-322-87446-7 (eBook)
DOI 10.1007/978-3-322-87446-7

Vorwort

Die vorliegende Arbeit „Zur Güte linearer Entscheidungsregeln in Produktions-Lagerhaltungs-Modellen" wurde 1975 vom Fachbereich Wirtschaftswissenschaften der Freien Universität Berlin als Dissertation angenommen.

Herrn Prof. Dr. Christoph Schneeweiß möchte ich für die Anregung zur Bearbeitung dieses Themas und für die stetige Unterstützung herzlich danken.

Der Deutschen Forschungsgemeinschaft bin ich dankbar für die finanzielle Förderung dieser Arbeit im Rahmen des Forschungsprojekts „Theil'sche Theorie" (Schn 159/1 u. 2).

Berlin, November 1976 *Karl Inderfurth*

Inhalt

1. Problemstellung

Sehr viele betriebswirtschaftliche Fragestellungen lassen sich aus der Sicht der Unternehmensforschung als stochastische dynamische Entscheidungsprobleme formulieren. Die Lösung solcher Probleme ist prinzipiell mit Hilfe der stochastischen dynamischen Optimierung möglich. Wenn dieses Verfahren auch einen theoretischen Ansatz zur optimalen Entscheidungsfindung liefert, so ist es doch zur Lösung vieler praktischer Aufgaben wegen seines sehr großen Rechenaufwandes kaum geeignet. Deshalb wird man sich in der betriebswirtschaftlichen Praxis fast immer auf Vorgehensweisen beschränken müssen, die nur zu Näherungslösungen führen.

Solche Lösungsverfahren beruhen weitgehend darauf, daß der dynamische oder der stochastische Aspekt des Entscheidungsproblems vernachlässigt wird. Der zuerst genannte Ansatz führt zu den sog. myopischen Politiken; er soll wegen seiner begrenzten Bedeutung im Rahmen dieser Arbeit nicht berücksichtigt werden. Der zweite Ansatz liegt dem vielfach angewandten Verfahren der Trennung von Prognose und Optimierung zugrunde. Hierbei wird das stochastische in ein deterministisches Entscheidungsproblem umgewandelt, indem die stochastischen Variablen von vorneherein durch deterministische Prognosewerte ersetzt werden. Die Lösung des so modifizierten Problems läßt sich mit Hilfe der deterministischen dynamischen Optimierung (DDO) ermitteln.

Dieses DDO-Verfahren führt gewöhnlich nicht auf die optimale Entscheidung. Wie THEIL [35] gezeigt hat, ist es (bei additiv auftretender stochastischer Störgröße) aber im Fall quadratischer Zielfunktion und linearer Zustandstransformationsbeziehungen (linear-quadratischer Fall) optimal. Hierbei sind als Prognosen die bedingten Erwartungswerte der stochastischen Variablen zu wählen. Diese bilden die sog. dynamischen Sicherheitsäquivalente, d. h. sie enthalten alle notwendigen Informationen über den stochastischen Prozeß. Die optimale Politik ergibt sich im linear-quadratischen Fall als lineare Funktion

der Zustandsvariablen.
Diesen Zusammenhang zwischen linearer Politik und dem Vorliegen von dynamischen Sicherheitsäquivalenten nutzen nun auch bei nichtquadratischem Kriterium diejenigen Näherungsverfahren aus, die mit linearen Entscheidungsregeln arbeiten (lineare Verfahren). Bekannt ist vor allem das Verfahren von HOLT, MODIGLIANI, MUTH und SIMON [15] (HMMS-Verfahren). Bei diesem Verfahren wird die Zielfunktion quadratisch approximiert, so daß die Voraussetzungen des linear-quadratischen Falles erfüllt sind und die dynamischen Sicherheitsäquivalente benutzt werden können.

Dem HMMS-Verfahren steht das von SCHNEEWEISS [31] entwickelte Verfahren der besten linear-nichtquadratischen Approximation (LNQ-Verfahren) gegenüber. Bei diesen linearen Verfahren wird das nichtquadratische Kriterium nicht modifiziert; allerdings wird die Menge der zulässigen Politiken auf die Klasse der linearen Entscheidungsregeln beschränkt. Aus dieser Klasse wird diejenige Politik bestimmt, die bezüglich des Kriteriums optimal ist. Auch bei diesem Verfahren können dynamische Sicherheitsäquivalente verwendet werden.
Die Beziehungen zwischen den genannten Lösungsverfahren soll die folgende Übersicht veranschaulichen:

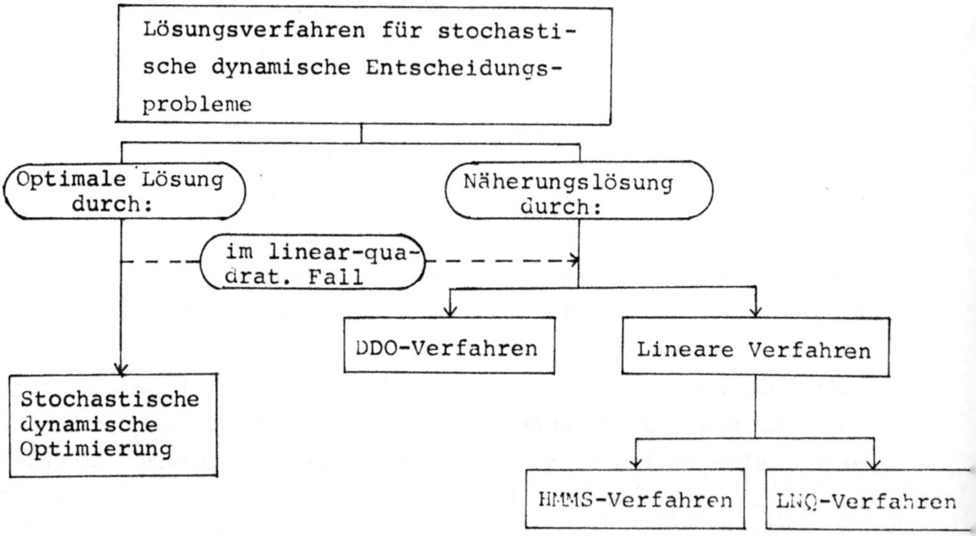

Bei nichtquadratischer Zielfunktion führen sowohl DDO-Verfahren als auch lineare Verfahren zu suboptimalen Ergebnissen. Allerdings läßt sich nicht ohne weiteres sagen, welches der beiden Verfahren die bessere Approximation der optimalen Politik liefert. Denn während das DDO-Verfahren die Stochastik vernachlässigt, dafür aber keine Bedingung an die Struktur der Lösungspolitik stellt, wird bei linearen Verfahren die Stochastik berücksichtigt, während die Politik auf lineare Funktionen beschränkt bleibt.
Auch der Zusammenhang zwischen den beiden linearen Verfahren ist nicht von vorneherein klar. Eine weitere Frage ist, ob die optimale Anwendung linearer Politiken, auch wenn sie sich mit dem DDO-Verfahren messen kann, zu einer geeigneten Approximation der gesamtoptimalen Politik führt und von welchen Umständen die Güte der linearen Entscheidungsregeln abhängt.

Diese Probleme sollen in dieser Arbeit an Hand einer bestimmten Klasse von Produktions-Lagerhaltungs-Modellen (PLM) mit nichtquadratischen Kosten untersucht werden. Die Modellstruktur (Kostenstruktur, Struktur der stochastischen Nachfrage, Kriterium, Planungshorizont) ist so gewählt, daß einerseits die verschiedenen Lösungsverfahren anwendbar sind (deswegen die Wahl eines Gauß-Nachfrageprozesses und eines Durchschnittskostenkriteriums bei unendlichem Planungshorizont), andererseits aber auch ökonomisch wichtige Kosten- und Nachfragestrukturen erfaßt sind. Somit sind von den Untersuchungsergebnissen an Hand der verwendeten Modellklasse wichtige Aussagen für den Produktions-Lagerhaltungs-Bereich zu erwarten.

Zunächst wird in dieser Arbeit die zugrunde liegende PLM-Klasse dargestellt. Sodann wird aufgezeigt, wie sich mit Hilfe des stochastischen Dynamischen Programmierens die optimale Politik für das vorliegende Problem ermitteln läßt. Es folgt die Darstellung der Näherungsverfahren mit linearen Entscheidungsregeln, wobei besonders auf den Zusammenhang zwischen HMMS- und LNQ-Verfahren eingegangen wird. Weiter wird das Verfahren der DDO-Approximation auf das PLM angewendet, so daß schließlich die beiden approximativen Lösungsverfahren bezüglich ihrer Politik und Kosten verglichen werden können. Zum Schluß wird untersucht, inwieweit die beste lineare Politik von der gesamtoptimalen Politik abweicht.

2. Darstellung einer Klasse von Produktions-Lagerhaltungs-Modellen

Wir betrachten ein Produktions-Lagerhaltungs-System, in dem sich die Nachfrageentwicklung additiv in einen deterministischen Nachfragepfad und einen um ihn schwenkenden stochastischen Anteil aufspalten läßt. Während der Produktionspfad auf den deterministischen Nachfrageprozeß eingestellt wird und außerhalb der Optimierung bleibt, soll über Abweichungen von diesem Produktionspfad (Produktionsänderungen) als Reaktion auf die stochastischen Nachfrageschwankungen so entschieden werden, daß die Kosten der Produktionsänderung und der Lagerhaltung minimiert werden.
Dieses Produktions-Lagerhaltungs-Modell (PLM) unterscheidet sich von einem reinen Produktionsglättungsmodell [1] dadurch, daß unter einer Produktionsänderung die Abweichung von einem vorgegebenen Produktionsniveau und nicht die Differenz zweier aufeinanderfolgender Produktionsentscheidungen verstanden wird. Über ein gewöhnliches Lagerhaltungsmodell [13] geht das PLM insofern hinaus, als es auch negative Bestellmengen und Nachfragewerte zuläßt.

Unter das oben definierte PLM fallen z. B. die Kassenhaltungsmodelle [19] und Lagerhaltungsmodelle mit Gütern, die weitervermietet werden [38]. Im Kassenhaltungsfall wird das Problem der optimalen Disposition der Kassenbestände eines Unternehmens behandelt. Der Produktionsänderung entspricht hier die Anlage bzw. Beschaffung von liquiden Mitteln. Als Nachfrageschwankung ist der stochastische Saldo der Ein- und Auszahlungen von

Geldern aus dem Geschäftsprozeß zu verstehen.

Bei der in dieser Arbeit zu untersuchenden PLM-Klasse handelt es sich um stochastische Perioden-Modelle mit einem Produkt und einem Lager. Zu Beginn jeder Periode $k = 1,2,3,...$ wird nach Feststellung des Lagerbestandes eine Entscheidung über die Produktionsänderung getroffen.

Die Variablen sind:

x_k ... Lagerbestand zu Beginn der Periode k (Zustandsvariable)
u_k ... Produktionsänderung in Periode k (Entscheidungsvariable)
r_k ... stochastische Nachfrageschwankung in Periode k (Störgröße)[1]

mit $x_k, u_k \in \mathbb{R}$.

Als Anfangswerte sind für das Lager x_1 und für die Nachfrage r_o vorgegeben.

Der stochastische Prozeß der Nachfrageschwankungen (im folgenden kurz Nachfrageprozeß genannt) kann mehrere Formen annehmen. Im einfachsten Fall bildet die Nachfrage $\{r_k\}$ eine stationäre Folge unabhängiger normalverteilter Zufallsgrößen mit folgenden Momenten:

(2.1) $$E\{r_k\} = 0 \quad \text{und} \quad Var\{r_k\} = \sigma^2 \quad \forall k = 1,2,... .$$

Für die Nachfragevarianz wird vorausgesetzt, daß sie echt größer Null und endlich ist: $0<\sigma^2<\infty$. Die Nachfrage hat also in jeder Periode folgende Dichtefunktion $\phi(.)$ und Verteilungsfunktion $\Phi(.)$:

---

1) Es wird nicht ausdrücklich zwischen der Zufallsgröße r_k und ihrer Realisation unterschieden. Es wird jeweilig aus dem Zusammenhang klar sein, welcher der beiden Begriffe gemeint ist.

$$\phi(r) = \frac{1}{\sqrt{2\pi}\cdot\sigma} \cdot e^{-\frac{1}{2}\cdot\frac{r^2}{\sigma^2}}$$

(2.2)

$$\Phi(r) = \int_{-\infty}^{r} \phi(r')\cdot dr'$$

Darüber hinaus wird im Modell auch ein autokorrelierter Nachfrageprozeß berücksichtigt. Dabei wird angenommen, daß die Nachfrage einen autoregressiven Prozeß erster Ordnung bildet:

(2.3) $$r_k = a\cdot r_{k-1} + \varepsilon_k \quad ,$$

wobei $\{\varepsilon_k\}$ wieder ein stationärer unabhängiger Gaußprozeß wie $\{r_k\}$ im unkorrelierten Fall ist. Für die Momente und Verteilung von ε_k gilt also (2.1) und (2.2). Der Faktor a gibt die Stärke der Autokorrelation wieder; er ist auf folgenden Bereich beschränkt: $0\leq a<1$.

Für die bedingten Erwartungswerte und Varianzen der korrelierten Nachfrage gilt (vgl. MALINVAUD [22], S. 429 ff.):

(2.4) $$E\{r_{k+i}|r_k\} = a^i\cdot r_k \quad \text{und} \quad Var\{r_{k+i}|r_k\}=\sigma^2\sum_{j=o}^{i-1} a^{2j} \quad \forall i=1,2,..$$

Die Momente des stationären Nachfrageprozesses $(i\to\infty)$ lauten somit:

$$E\{r_k^s\} = 0 \quad \text{und} \quad Var\{r_k^s\} \frac{\sigma^2}{1-a^2}$$

Der unkorrelierte Nachfrageprozeß kann auch als Sonderfall dieses Gauß-Markov-Prozesses mit a=0 betrachtet werden.

Die Dynamik des Modells ergibt sich aus der folgenden Lagerbilanzgleichung

(2.5) $$x_{k+1} = x_k + u_k - r_k$$

Es wird also angenommen, daß die nichtbefriedigte Nachfrage vorgemerkt wird, und daß die Produktionsänderung ohne Zeitverzögerung durchgeführt wird.

Die Kosten, die in jeder Periode entstehen, setzen sich zusammen aus den Kosten der Produktionsänderung und den Lagerhaltungskosten. Die Kosten der Lagerhaltung für eine Zeitperiode I(.) sind proportional dem Lagerbestand am Periodenende:

(2.6) $$I(x) = \begin{cases} h \cdot x & \text{für } x \geq 0 \\ -v \cdot x & x < 0 \end{cases} \qquad \text{mit } h,v > 0$$

Diese Kosten haben also eine stückweise lineare Form:

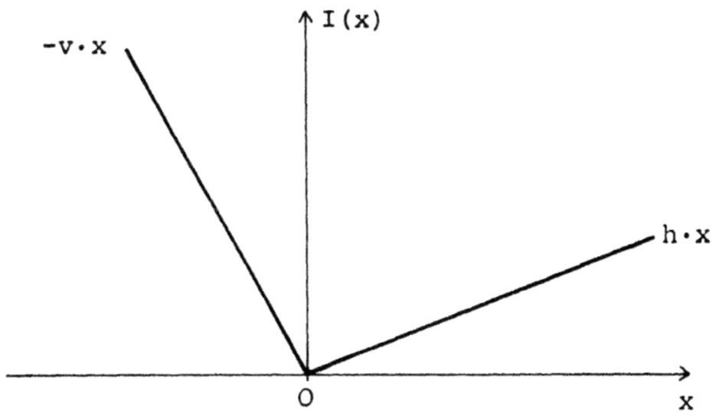

Für die Produktionsänderungskosten sind wieder mehrere Formen möglich. Im einfachen Fall sind diese Kosten proportional dem Umfang der Produktionsänderung:

$$(2.7) \qquad P(u) = \begin{cases} p \cdot u & \text{für} \quad u \geq 0 \\ -q \cdot u & \phantom{\text{für}} \quad u < 0 \end{cases}$$

Diese Kostenstruktur kann dadurch erweitert werden, daß jede Produktionsänderung zusätzlich mit Fixkosten verbunden ist:

$$(2.8) \qquad B(u) = P(u) + \begin{cases} P & \text{für} \quad u > 0 \\ 0 & \phantom{\text{für}} \quad u = 0 \\ Q & \phantom{\text{für}} \quad u < 0 \end{cases}$$

Für die Kostenparameter gilt: $p,q,P,Q \geq 0$. Die einfache Kostenfunktions $P(u)$ stellt gerade einen Sonderfall von $B(u)$ für $P = Q = 0$ dar.
Die Produktionsänderungskosten können also folgende Formen annehmen:

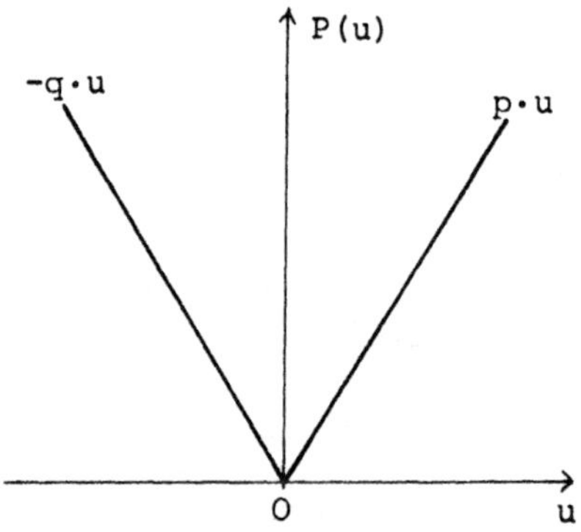

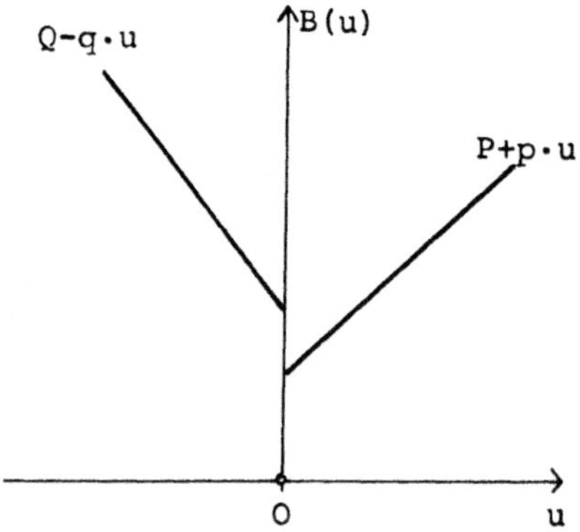

Das Kostenkriterium des Modells besteht aus dem Erwartungswert der Durchschnittskosten pro Periode bei unendlichem Planungshorizont:

(2.9) $$C = \lim_{N\to\infty} E\{\frac{1}{N} \sum_{k=1}^{N} [B(u_k) + I(x_{k+1})] x_1, r_o\} \Rightarrow \min$$

Zur Steuerung des Produktionsprozesses werden nur stationäre Politiken zugelassen:

(2.10) $$u_k = U(x_k, x_{k-1}, \ldots)$$

Von der Dimension her werden die Modellvariablen in Mengeneinheiten (ME) gemessen. Dasselbe gilt für die Nachfragestreuung σ. Die Kostengrößen des Modells müssen noch zusätzlich in Geldeinheiten (GE) angegeben werden.
Dabei gilt im einzelnen:

- für die proportionalen Kostenparameter: h,v,p,q [GE/ME][1],
- für die fixen Kostenparameter : P,Q [GE],
- für das Kostenkriterium : C [GE].

---

1) Die Parameter der Lagerhaltungskosten (h,v) müssen eigentlich zusätzlich pro Zeiteinheit gemessen werden. Weil die Zeiteinheit aber immer eine Periodenlänge beträgt, ist sie hier und in den Kosten I(.) nicht weiter berücksichtigt.

3. Die Anwendung der stochastischen dynamischen Optimierung

Unter der optimalen Politik für das Produktions-Lagerhaltungs-Modell (PLM) wird diejenige Entscheidungsfunktion (2.10) verstanden, die das Kostenkriterium (2.9) minimiert. Wegen der Zerlegbarkeit dieses Kriteriums läßt sich zur Lösung des Entscheidungsproblems das stochastische Dynamische Programmieren (DP) anwenden [32].

Zunächst soll gezeigt werden, wie mit Hilfe der Wertiteration die optimale Politik für das Modell ohne Fixkosten und ohne Nachfragekorrelation (Grundmodell) bestimmt werden kann. Sodann wird zur optimalen Lösung des Modells mit Fixkosten ein Ansatz der Linearen Programmierung herangezogen, der aus der Politikiteration abgeleitet ist. Schließlich wird ein Lösungsweg zur Ermittlung der optimalen Politik für das PLM mit korrelierter Nachfrage vorgeschlagen.

3.1. Die optimale Politik im Grundmodell

3.1.1. Die Struktur der optimalen Politik

Für das einfache PLM mit nur proportionalen Produktionsänderungskosten und unabhängiger Nachfrage wurde die Struktur der optimalen Politik in Arbeiten über Kassenhaltungsprobleme untersucht [6]. Die Ergebnisse, die dort für ein diskontiertes Kostenkriterium gewonnen wurden, und die von BÜHLER [4] auch auf das Durchschnittskostenkriterium übertragen werden konnten, zeigen, daß die optimale Politik im asymptotischen Fall (d.h. bei unendlichem Planungshorizont) folgende einfache Form hat:

$$(3.1) \qquad U^{*}(x_k) = \begin{cases} t-x_k & \text{für} \quad x_k<t \\ 0 & \quad t\le x_k\le z \\ z-x_k & \quad x_k>z \end{cases}$$

mit $t\le z$

Die optimale Produktionsentscheidung zu Beginn jeder Periode hängt also nur vom Anfangslagerbestand ab (wie im Fall mit unkorrelierter Nachfrage zu erwarten ist) und ist durch zwei Rückkehrpunkte t und z gekennzeichnet.
Diese <u>(t,z)-Politik</u> besagt: Ist der Lagerbestand zu Beginn einer Periode kleiner als t, dann fülle man das Lager auf t auf; ist das Lager größer als z, dann baue man es auf z ab. Liegt das Lager im "kritischen Bereich" zwischen t und z, dann nehme man keine Produktionsänderung vor.
Graphisch hat die optimale Politik einen stückweise linearen Verlauf:

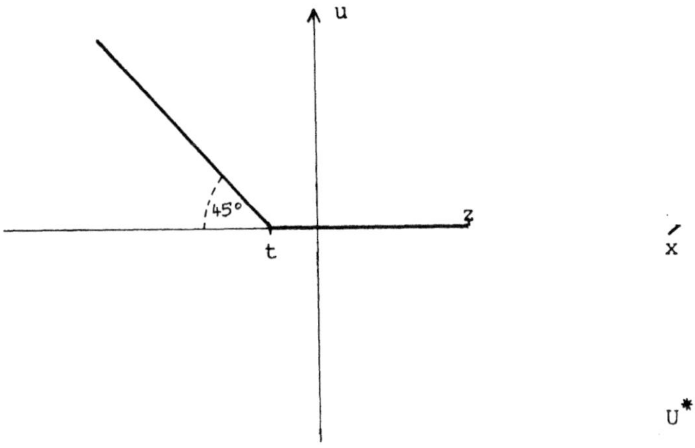

$U^*(x)$

Dieser (t,z)-Politik entspricht in Lagerhaltungsproblemen mit nur proportionalen Bestellkosten die $\bar{x}$-Politik, die von BELLMANN [2] untersucht wurde.

Die Ermittlung der Politik-Parameter t und z ist analytisch nur für sehr spezielle Nachfrageverteilungen (z. B. Gleichverteilung [37] oder zweiseitige Exponentialverteilung [14]) möglich. Für normalverteilte Nachfrage wie im vorliegenden PLM lassen sich die Werte für t und z nur noch numerisch ermitteln. Eine Möglichkeit zur Approximation der Rückkehrpunkte bietet z. B. die

Untersuchung der Optimalitätsbedingungen bei stationärem Verhalten des Modells, wie sie von BÜHLER [4] durchgeführt wurde. Ein besonders effizientes Verfahren zur Bestimmung von t und z liefert die Wertiteration des DP. Dieses Verfahren soll im folgenden Abschnitt dargestellt werden.

3.1.2. Die Ermittlung der Politik-Parameter

3.1.2.1. Aufstellung und Auswertung der Funktionalgleichungen

Zunächst werden die Funktionalgleichungen für das Grundmodell aufgestellt (vgl.[32]). Hierbei sind unter $F_k(x)$ [1] die minimalen Durchschnittskosten zu verstehen, wenn in jeder Entscheidungsperiode die optimale Politik angewendet wird und wenn der Anfangslagerbestand x ist. Diese Kosten hängen nur vom Anfangslager x ab, weil sich bei unkorrelierter Nachfrage der Zustand des Systems zu Beginn jeder Periode durch diesen Lagerbestand beschreiben läßt.

$$F_k(x) = \min_u E\{ \frac{1}{k} [P(u) + I(x+u-r) + (k-1) \cdot F_{k-1}(x+u-r)] \} \qquad \text{für } k = 1,2,\ldots.$$

$$(3.2) \qquad F_o(x) \equiv 0$$

---

1) k ist bei den Funktionalgleichungen nicht als Zeitindex zu verstehen, sondern als Index, der die Anzahl der Perioden bis zum Planungshorizont angibt (Stufenindex). Die auftretenden Variablen sind nicht mehr indiziert. Sie beziehen sich immer auf diejenige Periode, die noch k Perioden vom Planungshorizont entfernt liegt.

Für den weiteren Verlauf wird es zweckmäßig sein, die Entscheidungsvariable u (Produktionsänderung) durch die Variable <u>y:= u+x</u> (Lager nach Produktionsänderung) zu substituieren. Die (2.10) entsprechende Entscheidungsfunktion wird mit Y(x) bezeichnet.
Führt man in (3.2) noch die Erwartungswertbildung durch, so erhalten die Funktionalgleichungen folgende Form

$$F_k(x) = \min_y \{\frac{1}{k}\left[P(y-x) + L(y) + (k-1)\int_{-\infty}^{\infty} F_{k-1}(y-r)\cdot\phi(r)dr\right]\}$$

(3.3)

$$F_k(0) \equiv 0$$

mit

(3.4)

$$L(y) := E\{I(y-r)\} = h\cdot\int_{-\infty}^{y}(y-r)\cdot\phi(r)dr - v\cdot\int_{y}^{\infty}(y-r)\cdot\phi(r)dr$$

L(y) sind die (entscheidungsabhängigen) erwarteten Lagerhaltungskosten für eine Periode. (3.4) läßt sich umformen zu

$$L(y) = (h+v)\cdot\left[y\cdot\int_{-\infty}^{y}\phi(r)dr - \int_{-\infty}^{y}r\cdot\phi(r)dr\right] - v\cdot\left[y - \int_{-\infty}^{\infty}r\cdot\phi(r)dr\right]$$

Mit der im Grundmodell angegebenen Nachfrageverteilung erhält man daraus

(3.5) $$L(y) = (h+v)\cdot\left[y\cdot\Phi(y) + \sigma^2\cdot\phi(y)\right] - v\cdot y$$

Als 1. und 2. Ableitung von L(y) ergeben sich:

(3.6) $$L'(y) = (h+v)\cdot\Phi(y) - v$$

(3.7) $$L''(y) = (h+v)\cdot\phi(y) > 0$$

Wegen $L''(y)>0$ haben die erwarteten Lagerhaltungskosten also einen streng konvexen Verlauf.

Faßt man in den Funktionalgleichungen (3.3) den nicht von den Produktionsänderungskosten abhängenden Teil zu einer neuen Funktion zusammen

$$(3.8) \quad H_k(y) := L(y) + (k-1) \int_{-\infty}^{\infty} F_{k-1}(y-r)\phi(r)dr \quad \text{mit } k = 1,2,...$$

und berücksichtigt man die spezielle Struktur der Kostenfunktion $P(u)$ aus (2.7), so erhält man folgende Schreibweise für die Funktionalgleichungen:

$$(3.9) \quad F_k(x) = \frac{1}{k} \cdot \min \left\{ \begin{array}{l} \min\limits_{y \geq x} \{p.(y-x) + H_k(y)\} \\ \\ \min\limits_{y<x} \{-q(y-x) + H_k(y)\} \end{array} \right\} \text{mit } k = 1,2,...$$

$$F_o(x) \equiv 0$$

Bei der Untersuchung von diskontierten Kassenhaltungsproblemen ist von WAGNER [37] und EPPEN und FAMA [8] der folgende Satz nachgewiesen worden:

SATZ (3.1):

Sind Funktionalgleichungen der Form (3.9) gegeben und ist die Startfunktion $H_1(y)$ konvex in y, dann gilt für jede Stufe $k = 1,2,...$

(A) Die optimale Politik hat die in (3.1) beschriebene (t,z)-Struktur

$$(3.10) \qquad Y_k^*(x) = \begin{cases} t_k & \text{für} \quad x<t_k \\ x & t_k \leq x \leq z_k \\ z_k & x>z_k \end{cases}$$

mit $t_k \leq z_k$

wobei für die Rückkehrpunkte t_k und z_k folgende Bedingungen gelten:

$$(3.11) \qquad \begin{aligned} p\cdot(t_k-x) + H_k(t_k) &= \min_y \{p\cdot(y-x) + H_k(y)\} \\ -q(z_k-x) + H_k(z_k) &= \min_y \{-q\cdot(y-x) + H_k(y)\} \end{aligned}$$

(B) Die Wertfunktionen $F_k(x)$ sind konvex und haben wegen (3.10) folgende Form

$$(3.12) \qquad F_k(x) = \begin{cases} \frac{1}{k}\cdot[p\cdot(t_k-x) + H_k(t_k)] & \text{für} \quad x<t_k \\ \frac{1}{k}\cdot H_k(x) & t_k \leq x \leq z_k \\ \frac{1}{k}\cdot[-q(z_k-x) + H_k(z_k)] & x>z_k \end{cases}$$

(C) Die Funktionen $H_k(y)$ sind konvex in y.

Im vorliegenden PLM folgt aus (3.8) : $H_1(y) = L(y)$. Wegen (3.7) bedeutet dies, daß die Startfunktion $H_1(y)$ (streng) konvex ist. Damit sind die Voraussetzungen für den Satz (3.1) erfüllt. Für jedes k-periodige Problem ist also eine (t_k,z_k)-Politik optimal, wobei sich aus (3.11) die notwendigen Bedingungen für t_k und z_k ergeben:[1)]

$$H_k'(t_k) = -p \quad \Leftrightarrow \quad t_k = H_k'^{-1}(-p)$$

(3.13)

$$H_k'(z_k) = q \quad \Leftrightarrow \quad z_k = H_k'^{-1}(q)$$

Aus der strengen Konvexität von $H_1(y)$ folgt im übrigen die strenge Konvexität aller $H_k(y)$ und somit die strenge Monotonität von $H_k'(y)$, so daß sich die Rückkehrpunkte aus (3.13) eindeutig bestimmen lassen.

3.1.2.2. Untersuchung der Politik-Parameter durch die Wertiteration

Um die gesuchten Politikparameter t und z für das unendlichstufige Modell zu bestimmen, gilt es, die Grenzwerte $t = \lim_{k\to\infty} t_k$ und $z = \lim_{k\to\infty} z_k$ zu ermitteln. Die Folge der t_k- und z_k-Werte wiederum läßt sich nach (3.13) mittels der Funktionen $H_k'(y)$ herleiten. Diese Funktionen lassen sich rekursiv entwickeln, wie im folgenden gezeigt werden soll.

Aus (3.12) folgt

$$F_{k-1}(y-r) = \begin{cases} \frac{1}{k-1}\cdot\left[p\cdot(t_{k-1}-y) + H_{k-1}(t_{k-1}) + p\cdot r\right] & \text{für } r>y-t_{k-1} \\ \frac{1}{k-1}\cdot H_{k-1}(y-r) & y-z_{k-1}\leq r\leq y-t_{k-1} \\ \frac{1}{k-1}\cdot\left[-q\cdot(z_{k-1}-y) + H_{k-1}(z_{k-1})-q\cdot r\right] & \text{für } r<y-z_{k-1} \end{cases}$$

---

1) Definitionen: $H_k'(y) = \frac{dH_k(y)}{dy}$ und $H_k''(y) = \frac{d^2H_k(y)}{dy^2}$

Setzt man $F_{k-1}(y-r)$ in (3.8) ein, dann erhält man eine Rekursionsformel für $H_k(y)$:

$$(3.14)\quad H_k(y) = L(y) + \left[p\cdot(t_{k-1}-y) + H_{k-1}(t_{k-1})\right]\cdot\int_{y-t_{k-1}}^{\infty}\phi(r)dr$$

$$+ p\int_{y-t_{k-1}}^{\infty} r\,\phi(r)\,dr + \int_{y-z_{k-1}}^{y-t_{k-1}} H_{k-1}(y-r)\cdot\phi(r)\,dr$$

$$+ \left[-q(z_{k-1}-y) + H_{k-1}(z_{k-1})\right]\cdot\int_{-\infty}^{y-z_{k-1}}\phi(r)dr - q\cdot\int_{-\infty}^{y-z_{k-1}} r\cdot\phi(r)dr$$

mit $k = 2,3,\ldots$

Startfunktion bleibt $H_1(y) = L(y)$. Für normalverteilte Nachfrage läßt sich (3.14) auch folgendermaßen schreiben

$$(3.15)\quad H_k(y) = L(y) + \left[p\cdot(t_{k-1}-y) + H_{k-1}(t_{k-1})\right]\cdot\left[1-\Phi(y-t_{k-1})\right]$$

$$+ p\cdot\sigma^2\cdot\phi(y-t_{k-1})$$

$$+ \int_{y-z_{k-1}}^{y-t_{k-1}} H_{k-1}(y-r)\phi(r)\,dr$$

$$+ \left[-q(z_{k-1}-y) + H_{k-1}(z_{k-1})\right]\cdot\Phi(y-z_{k-1})$$

$$+ q\sigma^2\cdot\phi(y-z_{k-1})$$

Eine Rekursionsformel für die Bestimmungsfunktion $H_k'(y)$ erhält man durch Differentiation von $H_k(y)$ aus (3.14) oder (3.15):

$$(3.16)\quad H_k'(y) = L'(y) - p\left[1-\Phi(y-t_{k-1})\right] + q\Phi(y-z_{k-1})$$

$$+ \int_{y-z_{k-1}}^{y-t_{k-1}} H'_{k-1}(y-r)\phi(r)\,dr \text{ für } k = 2,3,\ldots$$

und $H_1'(y) = L'(y)$.

Weitere Differentiation liefert:

$$H_k''(y) = L''(y) + \int_{y-z_{k-1}}^{y-t_{k-1}} H_{k-1}''(y-r)\phi(r)\,dr \quad \text{für } k = 2,3,\ldots$$

und

$$H_1''(y) = L''(y)$$

Wegen $L''(y) > 0$ nach (3.7) gilt auch $H_k''(y) > 0 \forall k = 1,2,\ldots$ Somit ist (3.13) auch eine hinreichende Bedingung zur Bestimmung der kostenminimierenden t_k und z_k.

Eine Auswertung der Rekursionsformel (3.16) ergibt nun für die Folge der Rückkehrpunkte $\{t_k\}$ und $\{z_k\}$ folgenden

SATZ (3.2):

(A) Wegen $h>0$ und $v>0$ existieren endliche ganzzahlige Werte

$n_p = \left[\frac{p}{v}\right]$ [1] und $n_q = \left[\frac{q}{h}\right]$, so daß gilt:

$t_k = -\infty$ für $k < n_p$;

$t_k > -\infty$ für $k \geq n_p$;

$z_k = +\infty$ für $k < n_q$;

$z_k < +\infty$ für $k \geq n_q$.

(B) Zwischen den Rückkehrpunkten im Iterationsfall existiert eine statische Schranke:

$$t_k \leq y^* \leq z_k \qquad \forall k = 1,2,\ldots \quad \text{mit } y^* = \Phi^{-1}\left(\frac{v}{v+h}\right)$$

---

1) $[a]$ ist die kleinste ganze Zahl, die größer als a ist.

Beweis zu (A):

Zum Beweis sollen zunächst einige Grenzwertbetrachtungen angestellt werden. Bekanntermaßen gilt für die Verteilungs- und Dichtefunktion:[1]

$\Phi(-\infty) = 0; \; \Phi(+\infty) = 1; \; \phi(-\infty) = \phi(+\infty) = 0$

Wegen (3.6) folgt damit für L'(y):

$L'(-\infty) = -v; \; L'(+\infty) = h$

Das Integral in der Funktion $H_k'(y)$ aus (3.16) läßt sich durch Variablensubstitution $s := y-r$ umformen in

$$(3.17) \quad J_{k-1}(y) := \int_{y-z_{k-1}}^{y-t_{k-1}} H_{k-1}'(y-r) \cdot \phi(r)\,dr = \int_{t_{k-1}}^{z_{k-1}} H_{k-1}'(s)\,\phi(y-s)\,ds$$

Es gilt nun folgendes

LEMMA (3.1): Haben die Rückkehrpunkte im k-stufigen Problem endliche Werte, so trifft dies auch für das (k+1)-stufige Problem zu.

Beweis: Aus der Annahme $t_k > -\infty$ und $z_k < +\infty$ folgt wegen $-p \le H_k(s) \le q$ für $t_k \le s \le z_k$ nach (3.13)

für die Grenzwerte aus (3.17): $J_k(-\infty) = J_k(+\infty) = 0$.

---

[1] Zur Abkürzung wird geschrieben: $F(\infty) := \lim_{y \to \infty} F(y)$

Nach (3.16) gilt somit:

$$H'_{k+1}(-\infty) = -v-p; \; H'_{k+1}(+\infty) = q+h$$

Hieraus folgt wegen (3.13) und wegen der Monotonie von $H'_k(y)$:

$$t_{k+1} > -\infty \text{ und } z_{k+1} < +\infty.$$

Damit ist das Lemma bewiesen.

Weiter ist zu untersuchen, wann die Umkehrpunkte zum ersten Mal endliche Werte annehmen. Gilt für die Kostenparameter $p<v$ und $q<h$, so folgt wegen $-v \leq H'_1(y) = L'(y) \leq h$ und der Monotonie von $H'_1(y)$ gemäß (3.13):

$$t_1 > -\infty \text{ und } z_1 < +\infty.$$

Gilt für die Kostenparameter $p \geq v$ und $q \geq h$, so folgt aus (3.11):

$t_1 = -\infty$ und $z_1 = +\infty$. Damit reduziert sich $H'_2(y)$ aus (3.16) zu

$$H'_2(y) = L'(y) + \int_{-\infty}^{\infty} H'_1(y-r)\phi(r)\,dr$$

Aus $H'_1(-\infty) = -v$ und $H'_1(+\infty) = h$ folgt:

$$\lim_{y \to -\infty} \int_{-\infty}^{\infty} H'_1(y-r)\phi(r)\,dr = -v \qquad \text{und}$$

$$\lim_{y \to +\infty} \int_{\infty}^{\infty} H'_1(y-r)\phi(r)\,dr = h$$

Das bedeutet: $H_2'(-\infty) = -2 \cdot v$ und $H_2'(+\infty) = 2 \cdot h$

Damit folgt für $v \leq p < 2 \cdot v \quad \Rightarrow t_2 > -\infty$
und für $h \leq q < 2 \cdot h \quad \Rightarrow z_2 < +\infty$

Andererseits führt $p \geq 2 \cdot v$ und $q \geq 2 \cdot h$ zu $t_2 = -\infty$ und $z_2 = +\infty$, so daß entsprechend der obigen Herleitung die Grenzwerte $H_3'(-\infty) = -3 \cdot v$ und $H_3'(+\infty) = 3 \cdot h$ auftreten. Die Weiterführung dieser Überlegungen zeigt, daß ein endlicher Wert für t_k zum ersten Mal auf der Stufe $k = \left[\frac{p}{v}\right]$ und für z_k auf der Stufe $k = \left[\frac{q}{h}\right]$ auftritt. Zusammen mit Lemma (3.1) ergibt sich daraus der Satz (3.1.A).[1] ∎

<u>Beweis zu (B):</u>[2]

Definiert man: $D_k'(y) := H_k'(y) - L'(y)$, so folgt aus den obigen Untersuchungen zu (A):

$$D_k'(-\infty) = \begin{cases} -(k-1) \cdot v \geq -p & \text{für } k \leq n_p \\ -\ p & \phantom{\text{für }} k > n_p \end{cases}$$

$$D_k'(+\infty) = \begin{cases} (k-1) \cdot h \leq q & \text{für } k \leq n_q \\ \ q & \phantom{\text{für }} k > n_q \end{cases}$$

---

1) Ein analoges Ergebnis für den diskontierten Fall bei endlichem Zustands- und Entscheidungsraum beweisen EPPEN und FAMA [8].

2) Einen ähnlichen Beweis für den diskontierten Fall liefert WAGNER [37].

Das bedeutet: $-p \leq D_k'(y) \leq q$

Wegen h>0 und v>0 hat die Funktion L'(y) aus (3.6) eine (einzige) endliche Nullstelle:

$$L'(y^*) = 0 \quad \text{mit } -\infty < y^* = \Phi^{-1}\left(\frac{v}{h+v}\right) < +\infty$$

Damit gilt:

$$H_k'(t_k) = -p \leq H_k'(y^*) = D_k'(y^*) \leq q = H_k'(z_k)$$

Daraus wiederum folgt wegen der Monotonie von $H_k'(y)$:

$$t_k \leq y^* \leq z_k \quad \blacksquare$$

3.1.2.3. Iterationsverfahren zur Berechnung der Politik-Parameter

Der beschriebene Ansatz der Wertiteration läßt sich nur für spezielle Kostenstrukturen analytisch auswerten.
Für den Fall, daß keine Produktionsänderungskosten vorliegen (p = q = 0), führt (3.13) zu $t_k = z_k \quad \forall k = 1,2,...$
Zusammen mit (3.16) ergibt dies:

$$H_k'(y) = L'(y) \qquad \forall\ k = 1,2,...$$

Hieraus folgt $t_k = z_k = y^* = \Phi^{-1}\left(\frac{v}{v+h}\right)\ \forall\ k = 1,2,...$

Damit gilt:

$$t = z = \Phi^{-1}\left(\frac{v}{v+h}\right)$$

Die beiden Rückkehrpunkte fallen zusammen; die Entscheidungsregel ist vollkommen linear.

Für den Fall, daß die Kosten vollständig symmetrisch sind, (h=v, p=q), ist nach (3.6) wegen der Symmetrie der Verteilungsfunktion $\Phi(y)$ die Funktion $H_1'(y) = L'(y)$ punktsymmetrisch zum Nullpunkt: $H_1'(-y) = -H_1'(y)$.

Aus (3.13) folgt dann wegen p=q: $t_1 = -z_1$. Damit ergibt (3.16): $H_2'(-y) = -H_2'(y)$, woraus wieder folgt: $t_2 = -z_2$ usw.

Im symmetrischen Fall liegen also die Rückkehrpunkte symmetrisch um den Nullpunkt: $t = -z$.

Um für allgemeine Kostenstrukturen Aussagen über die Rückkehrpunkte machen zu können, muß man numerische Verfahren anwenden. Ein solches läßt sich aus der Rekursionsformel für die Bestimmungsfunktion $H_k'(y)$ entwickeln. Nach Satz (3.2) kann man $H_k'(y)$ aus (3.16) noch genauer spezifizieren. Es sei $n^- = \min\{n_p; n_q\}$ und $n^+ = \max\{n_p; n_q\}$; dann gilt unter Verwendung von (3.17):

(3.18a) $$H_k'(y) = L'(y) \qquad \text{für } k = 1$$

(3.18b) $$H_k'(y) = L'(y) + \int_{-\infty}^{\infty} H_{k-1}'(r) \cdot \phi(y-r)\,dr \qquad \text{für } 1<k\leq n^-$$

(3.18c) $$H_k'(y) = L'(y) - p\left[1-\Phi(y-t_{k-1})\right] + \int_{-\infty}^{t_{k-1}} H_{k-1}'(r)\phi(y-r)\,dr \qquad \text{für } n_p<k\leq n_q$$

(3.18d) $$H_k'(y) = L'(y) + q\cdot\Phi(y-z_{k-1}) + \int_{z_{k-1}}^{\infty} H_{k-1}'(r)\phi(y-r)\,dr \qquad \text{für } n_q<k\leq n_p$$

(3.18e) $$H_k'(y) = L'(y) - p\left[1-\Phi(y-t_{k-1})\right] + q\cdot\Phi(y-z_{k-1}) + \int_{t_{k-1}}^{z_{k-1}} H_{k-1}'(r)\phi(y-r)\,dr \qquad \text{für } k>n^+$$

Zusammen mit den Bestimmungsgleichungen aus (3.13)

$$t_k = H_k'^{-1}(-p) \text{ und } z_k = H_k'^{-1}(q)$$

kann man aus diesem System von Funktionen sukzessiv die einzelnen t_k und z_k für $k = 1,2,\dots$ errechnen.
Der Ablauf dieses Iterationsverfahrens ist in einem Flußdiagramm im Anhang I veranschaulicht. Das Verfahren wurde auf einer elektronischen Rechenanlage (Typ CD CYBER 7213) programmiert. Das ALGOL-Quellenprogramm zu diesem Problem ist als Sonderfall im allgemeinen Programm für das Fixkosten-Modell im Anhang II enthalten.
Mit diesem Programm lassen sich die Rückkehrpunkte t und z ohne großen Aufwand an Rechenzeit und Speicherplatz mit beliebiger Genauigkeit ermitteln. Der Speicherplatzbedarf für die auf jeder Iterationsstufe auftretende numerische Integration ist unbedeutend, die Rechenzeit pro Iterationsschritt beträgt etwa 1,5 Sekunden.
Die numerischen Berechnungen führen zu dem Ergebnis, daß für alle (45) untersuchten Kombinationen von Kostenparametern jeweils (mindestens) einer der beiden Rückkehrpunkte t_k und z_k und die Differenz zwischen diesen Punkten monoton konvergieren (vgl. Anhang III). Wählt man als Abbruchkriterium das Unterschreiten einer Schranke ε durch die Differenz der Absolutwerte zweier aufeinander folgender Rückkehrpunkte, so hängt die Anzahl der benötigten Iterationen vom Verhältnis der Kostenparameter zueinander ab, wie die folgende Tabelle für $\varepsilon = 0{,}5 \cdot 10^{-2} \cdot \sigma$ zeigt:

v \ p=q	0,5.h	h	2.h	5.h	10.h
h	4	5	7	13	22
2.h	3	5	9	16	27
3.h	3	5	9	17	31

Für $\varepsilon = 0{,}5 \cdot 10^{-4} \cdot \sigma$ werden etwas weniger als doppelt soviele Iterationsschritte benötigt. Man sieht, daß die Konvergenzgeschwindigkeit im wesentlichen mit zunehmenden Produktionsänderungskosten abnimmt. Wenn diese nicht zu groß sind (z. B. $p = q < h$), ist die Konvergenz und damit die Stationarität der Politik schon nach wenigen Schritten erreicht.

3.1.3. Die Ermittlung der minimalen Kosten

Um die in Kap. 1 genannten Lösungsverfahren vergleichen zu können, müssen zusätzlich zur jeweiligen Politik auch die Kosten ermittelt werden, auf die die Anwendung dieser Politik führt.

Um die Durchschnittskosten (2.9) bei Verwendung der (t,z)-Politik aus (3.1) angeben zu können, muß man etwas über die stationäre Grenzverteilung der Folge der Lagerbestände $\{x_k\}$ wissen. Ausgehend vom Anfangslager x_1 bildet $\{x_k\}$ bei Anwendung der optimalen Politik (3.1) einen Markovprozeß, dessen Übergang sich aus der Lagerbilanzgleichung (2.5) ergibt:

$$(3.19) \qquad x_{k+1} = x_k + U^*(x_k) - r_k = \begin{cases} t - r_k & \text{für} \quad x_k < t_k \\ x_k - r_k & \quad t_k \leq x_k \leq z_k \\ z - r_k & \quad x_k > z_k \end{cases}$$

Es läßt sich zeigen (siehe [4]), daß für jede (t,z)-Politik eine Grenzverteilung $\Pi(x)$ für $\{x_k\}$ existiert, die unabhängig vom Anfangszustand x_1 ist. Damit hängen auch die Durchschnittskosten C^* nicht vom Anfangslager ab.

Eine Möglichkeit, diese Kosten zu ermitteln, besteht darin, den Grenzwert der Wertfunktion $F_k(x)$ aus (3.12) abzuschätzen, für den wegen der Durchschnittsbildung im Kriterium gelten muß: $\lim_{k\to\infty} F_k(x) = C^* \quad x \in \mathbb{R}$

Die Funktion $H_k(x)$, die in (3.12) auftaucht, läßt sich nach (3.15) auch rekursiv entwickeln. Dennoch ist dieser Weg nicht praktikabel, weil sich herausstellt, daß die Funktion $F_k(x)$ nur sehr langsam für alle x konvergiert.

Eine andere Möglichkeit des Vorgehens besteht darin, C^* mit Hilfe der in Kap. 3.1.2. ermittelten Parameter t und z direkt über die stationäre Grenzverteilung $\Pi(x)$ und die (erwarteten) Ein-Periodenkosten $K^*(x)$ zu ermitteln.
Die Ein-Periodenkosten ergeben sich aus den Produktionsänderungskosten $P(y-x)$ nach (2.7) und aus den (erwarteten) Lagerhaltungskosten $L(y)$ nach (3.4). Sie hängen sowohl vom Anfangslager x als auch von der Entscheidung y ab:

$$(3.20) \quad K(x,y) = \begin{cases} p\cdot(y-x) + L(y) & \text{für } y \geq x \\ \\ -q\cdot(y-x) + L(y) & \phantom{\text{für }} y < x \end{cases}$$

Bei Anwendung der (t,z)-Politik $Y^*(x) = U^*(x) + x$ mit $U^*(x)$ aus (3.1) erhält man dann

$$(3.21) \quad K^*(x) := K(x,Y^*(x)) = \begin{cases} p\cdot(t-x) + L(t) & \text{für } x < t \\ L(x) & \phantom{\text{für }} t \leq x \leq z \\ -q(z-x) + L(z) & \phantom{\text{für }} x > z \end{cases}$$

Dann gilt für die Durchschnittskosten

$$(3.22) \quad C^* = \int_{-\infty}^{\infty} K^*(x)\cdot d\Pi(x)$$

Die Grenzverteilung $\Pi(x)$ läßt sich, wie BÜHLER [4] gezeigt hat, durch eine unendliche Summe von Faltungsintegralen der Nachfrageverteilung beschreiben. Sie kann somit - außer im Sonderfall der zweiseitigen Exponentialverteilung (vgl. [14]) - nur approximativ bestimmt werden.

Im folgenden sollen Grenzverteilung und Kosten dadurch approximiert werden, daß der Zustandsraum diskretisiert wird.

Es sei:

$$x \varepsilon X = \{ x^{(1)}, x^{(2)}, \ldots, x^{(N)} \} \quad \text{mit } x^{(i)} = x_{min} + (i-1)\cdot d_x$$

$$\text{und } i = 1,2,\ldots,N$$

(3.23)

$$r \varepsilon R = \{ r^{(1)}, r^{(2)}, \ldots, r^{(M)} \} \quad \text{mit } r^{(i)} = r_{min} + (i-1)\cdot d_r$$

$$\text{und } i = 1,2,\ldots,M$$

x_{min}, $x_{max} = x^{(N)}$, r_{min}, $r_{max} = r^{(M)}$ stellen die Grenzen und d_x, d_r die (konstanten) Abstände im endlichen Wertebereich für Lager und Nachfrage dar. Diese Größen sind zweckmäßig zu wählen.

Für die Nachfragewerte r wird aus der ursprünglichen Verteilungsfunktion $\Phi(r)$ aus (2.3) die diskrete Wahrscheinlichkeitsverteilung

$$(3.24) \quad p(r^{(i)}) := \text{Prob}\,\{r=r^{(i)}\} =$$

$$= \begin{cases} \Phi(r^{(i)} + 0{,}5\cdot d_r) & \text{für } i = 1 \\ \Phi(r^{(i)} + 0{,}5\cdot d_r) - \Phi(r^{(i)} - 0{,}5\cdot d_r) & 1<i<M \\ 1 - \Phi(r^{(i)} - 0{,}5\cdot d_r) & i = M \end{cases}$$

gebildet.

Wegen (3.19) gilt für die Übergangswahrscheinlichkeiten des Lagerstands von Periode zu Periode

$$(3.25) \quad p_{ij} := \text{Prob}\{x_{k+1} = x^{(j)} \mid x_k = x^{(i)}\} = \begin{cases} p(t_x - x^{(j)}) & \text{für } x^{(i)} < t \\ p(x^{(i)} - x^{(j)}) & t \le x^{(i)} \le z \\ p(z_x - x^{(j)}) & x^{(i)} > z \end{cases}$$

wobei t_x und z_x die den Werten t und z entsprechenden Elemente des Zustandsraums X sind.

Weil $\{x_k\}$ eine vollständig ergodische Markovkette bildet, kann die diskrete stationäre Grenzverteilung mit den Wahrscheinlichkeiten $\pi_i = \lim_{k\to\infty} Prob\{x_k = x^{(i)}\}$ bekanntermaßen (vgl. HOWARD [16]) als Lösung des folgenden Gleichungssystems gewonnen werden

$$\pi_j = \sum_{i=1}^{N} \pi_i \cdot p_{ij} \qquad \text{für } j = 2,3,\ldots,N$$

(3.26)

$$\sum_{i=1}^{N} \pi_i = 1$$

Zusammen mit den Ein-Periodenkosten aus (3.21) erhält man als Näherungswert für die Durchschnittskosten C^* analog zu (3.22):

$$(3.27) \qquad \bar{C}^* = \sum_{i=1}^{N} K^*(x^{(i)}) \cdot \pi_i$$

Die Genauigkeit bei der Berechnung von C^* ist natürlich um so größer, je mehr Elemente der Zustandsraum X umfaßt. Allerdings sind einer beliebigen Erhöhung der Genauigkeit dadurch Grenzen gesetzt, daß mit einer Vergrößerung des Zustandsraums der Aufwand an Rechenzeit und Speicherplatz bei der Berechnung auf einem Computer überproportional anwächst. Die Lösung des Gleichungssystems (3.26) macht nämlich die Inversion einer Matrix notwendig, deren Elemente dem Quadrat der Anzahl der Zustände entspricht.
Im vorliegenden Problem wurde so vorgegangen, daß zunächst für gegebenen Abstand d_x die Intervallgrenzen x_{min} und x_{max}

so lange nach außen verschoben wurden, bis dieser Vorgang keinen Einfluß mehr auf den Wert von $\bar{C}^*$ hatte. Sodann wurde der Abstand d_x solange verringert, bis auch nach mehrfacher Variation der Wert von $\bar{C}^*$ sich im Rahmen der gewünschten Genauigkeit nicht mehr änderte (vgl. Anhang IV).
Für die in dieser Arbeit bezweckten Kostenvergleiche mit anderen Lösungsverfahren reicht es bei weitem aus, die Kosten C^* (bei Normierung: h = 1) bis auf 1/1000 · σ genau zu berechnen. Um diese Genauigkeit zu erreichen, benötigt man je nach Größe der übrigen Kostenparameter etwa 80 bis 120 Zustände.

3.1.4. Sensitivitätsanalyse

Die bisherigen Untersuchungen haben gezeigt, daß die Parameter der optimalen Politik t und z sowie die Kosten C^* Funktionen der Kostenparameter p,q,h,v und der die Nachfrageverteilung bestimmenden Streuung σ sind:

$$t = t(h,v,p,q,\sigma)\,;\quad z = z(h,v,p,q,\sigma)$$

(3.28)

$$C^* = C^*(h,v,p,q,\sigma)$$

Die Form dieser Abhängigkeit läßt sich teilweise durch dimensionsanalytische Überlegungen bestimmen, wobei man sich hier auf die Dimensionen Mengeneinheit (ME) und Geldeinheit (GE) beschränken kann.[1] Aus den Dimensionsangaben in Kap. 2 folgt für die Modellgrößen:

$$h,v,p,q\ [GE/ME]\,;\quad \sigma\,[ME].$$

1) Siehe Fußnote auf S. 13

Für die Lösungsgrößen (Parameter und Kosten der optimalen Politik) muß gelten:

$$t,z\ [ME];\ C^{*}\ [GE].$$

Aus diesen Dimensionsbeziehungen lassen sich mehrere Aussagen ableiten.

<1> Eine Veränderung der Dimension GE wirkt sich als entsprechende Veränderung aller Kostenparameter und der Durchschnittskosten aus.
Hieraus folgt der

SATZ (3.3):

Eine proportionale Änderung aller Kostenparameter h,v,p und q um denselben Faktor λ entspricht einer Änderung der Dimension GE im Grundmodell und führt somit zu einer gleich großen Änderung der Kosten C^{*}, während die Rückkehrpunkte t und z nicht beeinflußt werden:

$$C^{*}(\lambda\cdot h,\lambda\cdot v,\lambda\cdot p,\lambda\cdot q,\sigma) = \lambda\cdot C^{*}(h,v,p,q,\sigma)$$

$$t(\lambda\cdot h,\lambda\cdot v,\lambda\cdot p,\lambda\cdot q,\sigma) = t(h,v,p,q,\sigma)$$

$$z(\lambda\cdot h,\lambda\cdot v,\lambda\cdot p,\lambda\cdot q,\sigma) = z(h,v,p,q,\sigma)$$

<2> Eine gleich große Veränderung der Dimensionen ME und GE wirkt wie eine entsprechende Veränderung der Streuung σ und der Lösungsgrößen t,z und C^{*}, während die Kostenparameter nicht berührt werden.

Damit gilt der

SATZ (3.4) :

Eine Änderung der Standardabweichung der Nachfrage σ entspricht einer gleichzeitigen Änderung der Dimensionen GE und ME im Grundmodell und führt somit zu einer entsprechenden Änderung der Rückkehrpunkte und der Durchschnittskosten:

$$C^{*}(h,v,p,q,\lambda\cdot\sigma) \quad = \quad \lambda\cdot C^{*}(h,v,p,q,\sigma)$$

$$t(h,v,p,q,\lambda\cdot\sigma) \quad = \quad \lambda\cdot t(h,v,p,q,\sigma)$$

$$z(h,v,p,q,\lambda\cdot\sigma) \quad = \quad \lambda\cdot z(h,v,p,q,\sigma)$$

Aus Satz (3.3) und Satz (3.4) folgt weiter der

SATZ (3.5) :

Die Modellparameter lassen sich im Grundmodell standardisieren, indem man einen Kostenparameter (z.B. $h = 1$) und die Nachfragestreuung ($\sigma = 1$) normiert und die übrigen Kostenparameter auf den normierten Parameter (h) bezieht.

Um Angaben über die Abhängigkeit der Größen t,z und C^{*} von einzelnen Kostenparametern machen zu können, muß man die Ergebnisse der numerischen Berechnungen (vgl. Anhang VII) analysieren:

<3> Wachsende Kosten der Produktionsänderung (in beide Richtungen) führen dazu, daß der untere Rückkehrpunkt kleiner und der obere größer wird, so daß der "kritische Bereich" $[t,z]$, in dem keine Produktionsänderung vorgenommen wird, schnell anwächst:

$p\nearrow$ bzw. $q\nearrow \;\Rightarrow\; t\searrow \;;\quad z\nearrow \;;\quad (z-t)\nearrow$

<4> Steigende Lagerkosten führen dazu, daß beide Rückkehrpunkte sich nach unten verschieben und der "kritische Bereich" kleiner wird:

$$h \nearrow \quad \Rightarrow \quad t \searrow \; ; \quad z \searrow \; ; \quad (z-t) \searrow$$

<5> Wachsende Fehlmengenkosten bewirken dagegen eine Verschiebung der Rückkehrpunkte nach oben in den Bereich höherer Lagerbestände, während der "kritische Bereich" ebenfalls kleiner wird:

$$v \nearrow \quad \Rightarrow \quad t \nearrow \; , \quad z \nearrow \; , \quad (z-t) \searrow$$

<6> Die Vergrößerung einzelner Kostenparameter führt zu einer unterproportionalen Erhöhung der optimalen Durchschnittskosten.

3.2. Die optimale Politik im Modell mit Fixkosten

3.2.1. Zur Struktur der optimalen Politik

Die Struktur der optimalen Politik bei Fixkosten wurde im Rahmen der Kassenhaltungstheorie von GIRGIS [10] und NEAVE [26] mit Hilfe des stochastischen Dynamischen Programmierens untersucht. Die Autoren zeigten, daß sich hier, anders als im Fall ohne Fixkosten, die Ergebnisse der Lagerhaltungstheorie nicht ohne weiteres auf den Produktions-Lagerhaltungs-Bereich übertragen lassen.
Die allgemeine Bedingung konvexer Lagerhaltungskosten L(y) aus (3.4), die nach Satz (3.1) im Grundmodell eine (t,z)-Politik garantiert und nach Untersuchungen von SCARF [28] im Lagerhaltungsmodell die Optimalität einer (s,S)-Politik zur Folge hat,

garantiert im PLM mit Fixkosten noch nicht die Optimalität einer analogen Politik von einfacher (t,T,Z,z)-Form:

$$(3.29) \qquad U^{*}(x_k) = \begin{cases} T - x_k & \text{für } x_k < t \\ 0 & t \leq x_k \leq z \\ Z - x_k & x_k > z \end{cases}$$

mit $t \leq T \leq Z \leq z$.

Diese Politik hat folgende graphische Form:

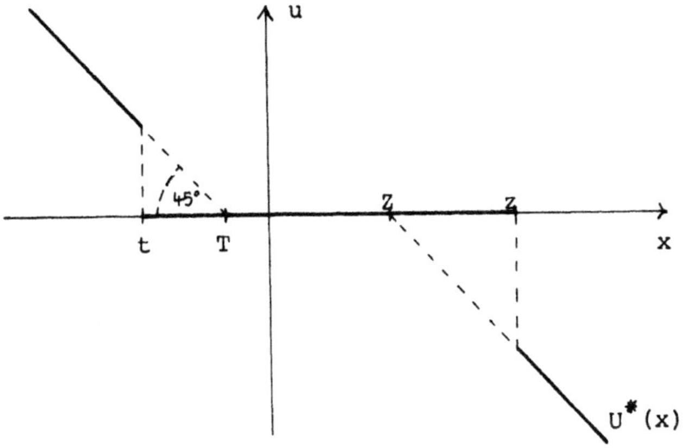

Diese einfache (t,T,Z,z)-Politik ist durch vier Parameter gekennzeichnet und besagt:

Liegt zu Beginn einer Entscheidungsperiode der Lagerbestand unter einem unteren Interventionspunkt t, so fülle man das Lager auf die Menge T (unterer Rückkehrpunkt) auf. Ist der Lagerbestand größer als ein oberer Interventionspunkt z, dann soll man das Lager auf die Menge Z (oberer Rückkehrpunkt) reduzieren. Befindet sich der Lagerbestand im "kritischen Bereich" zwischen t und z, so nehme man keine Änderung vor. Sind die Fixkosten gleich Null, so fallen die jeweiligen Interventions- und Rück-

kehrpunkte zusammen (T=t und Z=z), wie bei der Untersuchung des Grundmodells in Kap. 3.1. gezeigt wurde.
Die Untersuchung von GIRGIS [10] kommt nun für den Fall, daß nur einer der beiden Fixkostensätze größer als Null ist (z.B. P>O, Q=O), zu dem Ergebnis, daß bei unendlichem Planungshorizont folgende (u.U.) <u>kompliziertere Politik</u> mit drei Parametern (hier: t,T,z) optimal ist:

$$(3.30) \qquad U^*(x_k) = \begin{cases} T - x_k & \text{für } x_k \leq t \\ \varepsilon\,[t-x_k, 0] & t \leq x_k \leq z \\ z - x_k & x_k > z \end{cases}$$

mit $t \leq T \leq z$

Die Untersuchung von NEAVE [26] für den Fall positiver Fixkosten in jeder Richtung (P>O, Q>O) zeigt, daß sich unter der allgemeinen Voraussetzung konvexer Lagerhaltungskosten nur aussagen läßt, daß die optimale Politik in jedem endlichen Produktions-Lager-Problem mit k Entscheidungsperioden eine <u>komplizierte Struktur</u> haben kann:

$$(3.31) \qquad U^*_k(x) = \begin{cases} T_k - x & \text{für } x < t_k \\ M_k(x) & t_k \leq x \leq z_k \\ Z_k - x & x > z_k \end{cases}$$

$$\text{mit } M_k(x) = \begin{cases} 0 \text{ oder } T_k - x & \text{für } t_k \leq x \leq t_k^+ \\ \varepsilon\,[t_k^+ - x,\ 0] & \qquad\qquad\qquad P>Q>O \\ 0 & \text{für } t_k^+ < x < z_k^- \quad \text{und} \quad P=Q>O \\ \varepsilon\,[0,\ z_k^- - x] & \qquad\qquad\qquad Q>P>O \\ 0 \text{ oder } Z_k - x & \text{für } z_k^- \leq x \leq z_k \end{cases}$$

und mit $t_k \leq t_k^+ \leq T_k \leq Z_k \leq z_k^- \leq z_k$.

Die Struktur der optimalen Politik aus (3.31) schließt zwar die einfache (t,T,Z,z)-Form aus (3.29) ein (für $M_k(x)=0$), läßt aber in unserem Produktions -Lager- Modell auch die Möglichkeit einer komplizierten Politik offen, die allerdings (insbesondere für P=Q) nicht allzusehr von der einfachen Politik abweichen kann. Nur unter speziellen Voraussetzungen an die Kostenfunktionen und Nachfrageverteilung, die in unserem Modell für die Kostenstrukturen p=q=0, h=v und P=Q gegeben sind, konnte NEAVE die Optimalität einer einfachen (t,T=Z,z)-Politik nachweisen. Daraus folgt, daß man, anders als im Fall ohne Fixkosten, zur Bestimmung der Parameter der optimalen Politik nicht von einer gegebenen Struktur dieser Politik ausgehen kann. Man benötigt also ein Lösungsverfahren, das die Struktur der optimalen Politik offenläßt.

3.2.2. Die Ermittlung der optimalen Politik und Durchschnittskosten

3.2.2.1. Darstellung des Problems als Markovschen Entscheidungsprozeß

Optimale Politik und minimale Kosten lassen sich, ohne daß Voraussetzungen über die Struktur der Politik gemacht werden, nach Diskretierung des Modells mit den Methoden des stochastischen DP näherungsweise bestimmen.

Lagerzustand x und Nachfrage r werden ebenso diskretisiert wie in (3.23). Der Entscheidungsraum soll mit dem Zustandsraum übereinstimmen, d. h.

(3.32) $$y \in \{ y^{(1)}, y^{(2)}, \ldots\ldots, y^{(N)} \} = \{ x^{(1)}, x^{(2)}, \ldots, x^{(N)} \}$$

Die Lagerbilanzgleichung (2.5) und die Unabhängigkeit der Nachfrage r_k bewirken, daß die Lagerbestände $\{x_k\}$ für jede Politik $Y(x_k)$ einen Markov-Prozeß bilden mit

(3.33) $$x_{k+1} = Y(x_k)-r_k$$

Somit läßt sich das Optimierungsproblem als Markovscher Entscheidungsprozeß darstellen (vgl. HOWARD [16]).

Im diskretisierten Modell gilt nach (3.33) für die Übergangswahrscheinlichkeiten p_{ij}^k dieses Prozesses, d. h. für die Wahrscheinlichkeiten, daß sich das Lager zu Beginn einer Periode im Zustand $x^{(j)}$ befindet, wenn es zu Beginn der Vorperiode im Zustand $x^{(i)}$ war und danach die Entscheidung $y^{(k)}$ getroffen wurde:

(3.34) $$p_{ij}^k := \text{Prob}\{x_k=x^{(j)} \mid x_{k-1}=x^{(i)}, y_{k-1}=y^{(k)}\} = $$
$$= \text{Prob}\{x_k=x^{(j)} \mid y_{k-1}=y^{(k)}\} =$$
$$= \begin{cases} \text{Prob}\ \{r \geq y^{(k)}-x^{(j)}\} & \text{für} \quad j=1 \\ \text{Prob}\ \{r = y^{(k)}-x^{(j)}\} & 1<j<N \\ \text{Prob}\ \{r \leq y^{(k)}-x^{(j)}\} & j=N \end{cases}$$

Die entsprechenden Wahrscheinlichkeiten erhält man aus der Wahrscheinlichkeitsverteilung (3.24) der diskretisierten Nachfrage. (3.34) zeigt auch, daß die Übergangswahrscheinlichkeiten unabhängig vom Anfangszustand $x^{(i)}$ sind :

(3.35) $$p_{ij}^k = p_{hj}^k =: p_j^k \qquad i,h,\varepsilon\{1,2,...,N\}$$

Die erwarteten Ein-Periodenkosten $K(x,y)$ (bzw. in der Terminologie der Markovschen Entscheidungsprozesse: die unmittelbar erwartete Auszahlung) bilden wegen der Produktionsänderungskosten (2.8) im Fixkosten-Modell eine Erweiterung von (3.20) :

$$(3.36)\quad K(x,y) = \begin{cases} P + p\cdot(y-x) + L(y) & \text{für } y>x \\ L(y) & y=x \\ Q - q\cdot(y-x) + L(y) & y<x \end{cases}$$

Im diskreten Modell gilt wegen (3.32)

$$(3.37)\quad K_{ik} := K(x^{(i)},y^{(k)}) = K(x^{(i)},x^{(k)})$$

Diese Kosten lassen sich additiv in die Komponenten aufspalten, die vom Lager vor ($x^{(i)}$) und Lager nach Produktionsänderung ($x^{(k)}$) abhängen:

$$(3.38)\quad \begin{array}{l} W_i := -p\cdot x^{(i)} \;;\quad X_i := q\cdot x^{(i)} \;;\quad K_i := L(x^{(i)}) \;; \\ \\ V_k := P + p\cdot x^{(k)} + L(x^{(k)}) \;;\quad Y_k := Q - q\cdot x^{(k)} + L(x^{(k)}) \;; \end{array}$$

Somit erhält man für (3.37)

$$(3.39)\quad K_{ik} = \begin{cases} W_i + V_k & \text{für } x^{(k)} > x^{(i)} \\ K_i & x^{(k)} = x^{(i)} \\ X_i + Y_k & x^{(k)} < x^{(i)} \end{cases}$$

Die Entscheidungsfunktion Y ordnet im diskreten Modell jedem Lagerzustand $x^{(i)}$ eine Entscheidung $y^{(k)}$ zu:

$$(3.40)\quad y^{(k)} = Y(x^{(i)}) \qquad \text{mit } y^{(k)}, x^{(i)} \in \{x^{(1)}, x^{(2)}, \dots, x^{(N)}\}$$

Dem entspricht die Zuordnung

$$(3.41)\quad k = D(i) \qquad \text{mit } k,i \in \{1,2,\dots,N\}$$

Eine solche Entscheidungsregel beeinflußt nach (3.34) und (3.39) die Übergangswahrscheinlichkeiten und die Ein-Periodenkosten

$$(3.42) \quad p_{ij}^{D} := p_{ij}^{D(i)} \quad ; \quad K_{i}^{D} := K_{i,D(i)}$$

Unter den Modellvoraussetzungen (stationäre Periodenkosten, stationäre normalverteilte Nachfrage) erzeugt jede stationäre Entscheidungsregel (3.40) für das Lager eine vollständig ergodische Markov-Kette. Somit existiert eine stationäre Grenzverteilung für das Lager, die nicht vom Anfangszustand des Systems abhängt, wohl aber von der angewandten Entscheidungsregel beeinflußt wird. Die Grenzwahrscheinlichkeiten π_i^D bei Politik D ergeben sich dann analog zu (3.26) aus einem Gleichungssystem, dessen Umfang von der Anzahl der Zustände abhängt:

$$(3.43) \quad \begin{aligned} \pi_j^D &= \sum_{i=1}^{N} \pi_i^D \cdot p_{ij}^D \qquad \text{für} \quad j = 2,3,\dots,N \\ \sum_{i=1}^{N} \pi_i^D &= 1 \end{aligned}$$

Die dem Kriterium (2.9) entsprechenden Durchschnittskosten im diskretisierten Modell sind

$$(3.44) \quad \bar{C} = \sum_{i=1}^{N} \cdot K_i^D \cdot \pi_i^D$$

Die Optimierungsaufgabe besteht nun darin, diejenige Politik (3.40) bzw. (3.41) zu finden, die das Kriterium (3.44) minimiert. Diese Aufgabe läßt sich mit Hilfe der Politikiteration des DP lösen (vgl. HOWARD [16]).
Wie MANNE [23] gezeigt hat, kann man für einen hier vorliegenden unendlichstufigen sequentiellen Entscheidungsprozeß mit endlichem Zustands- und Entscheidungsraum auch die lineare

Programmierung (LP) als Lösungsmethode verwenden.
Die Genauigkeit, mit der diese Verfahren die optimale Politik und die zugehörigen minimalen Kosten liefern, hängen davon ab, in wieviele Elemente der Zustands- und Entscheidungsraum eingeteilt werden. Der Umfang von Zustands- und Entscheidungsraum ist aber beschränkt, weil er den Aufwand an Rechenzeit und Speicherplatz bestimmt, den die Lösung eines solchen Problems auf einer elektronischen Rechenanlage verursacht.
Unter diesem Gesichtspunkt scheint hier die Lineare Programmierung das günstigere Verfahren zur Ermittlung der optimalen Politik zu sein, weil es zum einen sehr effiziente Programme zur Lösung großer LP-Modelle gibt und weil sich zum anderen der Umfang des LP-Problems für die Kostenstruktur dieses Produktions -Lager- Modells erheblich reduzieren läßt, wie im folgenden gezeigt werden soll.

3.2.2.2. Ein LP-Ansatz zur Lösung des Markovschen Entscheidungsproblems

Der allgemeine Ansatz der Linearen Programmierung lautet für das in Kap. 3.2.2.1. formulierte Problem (siehe MANNE [23]):

Zielfunktion (ZF): $\bar{C} = \sum_{i=1}^{N} \sum_{k=1}^{N} K_{ik} \cdot \pi_{ik} = \min!$

Nebenbedingungen (NB):

(A) $\sum_{i=1}^{N} \sum_{k=1}^{N} \pi_{ik} = 1$

(B) $\sum_{k=1}^{N} \pi_{jk} - \sum_{i=1}^{N} \sum_{k=1}^{N} \pi_{ik} \cdot p_{ij}^{k} = 0$

mit $j = 2,3,\ldots,N$

Nichtnegativitätsbedingungen (NNB):

$$\pi_{ik} \geq 0 \qquad \forall i,k = 1,\ldots,N \ .$$

Die Entscheidungsvariable π_{ik} hat hier die Bedeutung der gemeinsamen (stationären) Wahrscheinlichkeit, im Zustand $x^{(i)}$ zu sein und die Entscheidung $y^{(k)}$ zu treffen.
Die Formulierung dieses LP-Ansatzes, der im folgenden LP1/P genannt werden soll, ergibt sich aus der Problemstellung (3.40) bis (3.44), indem man folgenden Zusammenhang beachtet:

(3.45)
$$\pi_i = \sum_{k=1}^{N} \pi_{ik}$$

Es läßt sich zeigen, (vgl. MANNE [23]), daß im Optimum gelten muß:

$$\pi_{ik} = \begin{cases} 1 & \text{für} \quad k = k' \quad \text{mit } k' \epsilon \{1,2,\ldots,N\} \\ 0 & \phantom{\text{für}} \quad k \neq k' \end{cases} \qquad \text{für } i = 1,2,\ldots,N$$

Dies bedeutet, daß immer eine reine Strategie optimal sein muß. Damit lautet die optimale Entscheidungsregel:

(3.46) $D(i) = k \qquad \text{für } \pi_{ik} > 0 \quad \text{mit } k \epsilon \{1,2,\ldots,N\}$

GHELLINCK und EPPEN [9] haben gezeigt, daß sich der Umfang des Linearen Programms vom Typ LP1/P (im obigen Fall N^2 Variable und N Restriktionen) erheblich reduzieren läßt, wenn zwei Bedingungen erfüllt sind:

1. Die Übergangswahrscheinlichkeiten p_{ij}^k hängen nur von k und j ab:

   $(p_{ij}^k = p_j^k)$.

2. Die Periodenkosten K_{ik} sind separabel in i und k

   $(K_{ik} = A_i+B_k)$.

Nach (3.35) ist die erste und nach (3.39) die zweite Bedingung im vorliegenden Problem erfüllt. Unter diesen Umständen läßt sich in dem zu LP1/P gehörenden dualen Programm (LP1/D) die Anzahl der Restriktionen stark verringern.

Bezeichnet man die Dualvariablen für die Nebenbedingungen aus LP1/P mit g für NB(A) und mit v_j (j=2,3,...,N) für NB(B), so lautet das duale Programm (LP1/D):

ZF: $g = \max$!

NB: $$g+v_i-\sum_{j=2}^{N} p_{ij}^{k}\cdot v_j \leq K_{ik} \qquad \forall\ i = 1,2,...,N \text{ und } k = 1,2,...,N$$

mit $v_1 = 0$

Die N Variablen $(g,v_2,v_3,...,v_N)$ sind nicht vorzeichenbeschränkt. Die N^2 Nebenbedingungen dieses Programms lassen sich auf Grund der obengenannten Bedingungen erheblich reduzieren. Sie lassen sich nämlich nach (3.35) und (3.39) folgendermaßen aufspalten:

(L.1) $$g+v_i-\sum_{j=2}^{N} p_j^{i}\cdot v_j \leq K_i \qquad \text{für } i = 1,...,N \text{ und } k = i$$

(L.2) $$g+v_i-\sum_{j=2}^{N} p_j^{k}\cdot v_j \leq W_i+V_k \qquad \text{für } i = 1,...,N-1 \text{ und } k = i+1,i+2,...,N$$

(L.3) $$g+v_i-\sum_{i=2}^{N} p_j^{k}\cdot v_j \leq X_i+Y_k \qquad \text{für } i=2,3,...N \text{ und } k=1,2,...,i-1$$

Die $N\cdot(N-1)/2$ Ungleichungen in (2.2) kann man wiederum durch $3\cdot(N-1)-1$ Ungleichungen ersetzen, indem man N-1 neue (unbeschränkte) Variable w_i einführt:

(L.2.1) $v_i - w_i \leq W_i$ für $i = 1,2,\ldots,N-1$ $\{s_i\}$

(L.2.2) $w_{j-1} - w_j \leq 0$ $j = 2,3,\ldots N-1$ $\{t_j\}$

(L.2.3) $g + w_{k-1} - \sum_{j=1}^{N} p_j^k \cdot v_j \cdot \leq V_k$ $k = 2,3,\ldots,N$ $\{y_k\}$

Für bestimmte i und k erhält man (L.2) durch Addition von (L.2.1),(L.2.3) und von k-i-1 Ungleichungen aus (L.2.2) mit $j=i+1,\ldots,k$.
In den geschweiften Klammern sind die Dualvariablen zu diesen neuen Nebenbedingungen angegeben.
Entsprechend lassen sich die Ungleichungen in (L.3) durch ein weiteres System von Ungleichungen mit neuen Variablen $u_i (i=2,3,\ldots,N)$ ersetzen:

(L.3.1) $v_i - u_i \leq x_i$ für $i = 2,3,\ldots,N$ $\{r_i\}$

(L.3.2) $u_{j+1} - u_j \leq 0$ $j = 2,3,\ldots,N-1$ $\{z_j\}$

(L.3.3) $g + u_{k+1} - \sum_{j=1}^{N} p_j^k v_j \leq y_k$ $k = 1,2,\ldots,N-1$ $\{q_k\}$

Aus LP1/D läßt sich somit ein reduziertes duales Programm (LP2/D) bilden:

ZF: $g = \max$!

NB: (L.1),(L.2.1),(L.2.2),(L.2.3),(L.3.1),(L.3.2),(L.3.3)

Die Variablen $g, v_2, \ldots, v_N, w_1, \ldots, w_{N-1}, u_2, \ldots, u_N$ sind nicht vorzeichenbeschränkt.
LP2/D enthält mit $3 \cdot N-2$ zwar mehr Variable, aber mit $7 \cdot N-8$ wesentlich weniger Nebenbedingungen als LP1/D. Bildet man nun zu LP2/D wiederum das duale Programm, so erhält man ein reduziertes primales Programm (LP2/P), das statt N^2 nur noch $7 \cdot N-8$ Variable enthält:

$$\text{ZF: } \bar{C} = \sum_{i=1}^{N} K_i \cdot x_i + \sum_{i=1}^{N-1} W_i \cdot s_i + \sum_{k=2}^{N} V_k \cdot y_k + \sum_{i=2}^{N} X_i \cdot r_i + \sum_{k=1}^{N-1} Y_k \cdot q_k = \min!$$

NB:

$$\text{(A)} \quad \sum_{i=1}^{N} x_i + \sum_{k=2}^{N} y_k + \sum_{k=1}^{N-1} q_k = 1$$

$$\text{(B)} \quad x_i - \sum_{k=1}^{N} p_i^k \cdot x_k + s_i - \sum_{k=2}^{N} p_i^k \cdot y_k + r_i - \sum_{k=1}^{N-1} p_i^k \cdot q_k = 0 \qquad \forall i = 2,3,\ldots,N$$

$$\text{(C)} \quad - s_i - t_i + t_{i+1} + y_{i+1} = 0 \qquad \forall i = 1,\ldots,N-1$$

$$\text{(D)} \quad - r_i + z_{i-1} - z_i + q_{i-1} = 0 \qquad \forall i = 2,\ldots,N$$

$$\text{NNB: } x_i, s_i, t_i, y_i, r_i, z_i, q_i \geq 0 \qquad \forall i = 1,\ldots,N$$

mit den Randwerten: $r_1 = y_1 = t_1 = z_1 = s_N = q_N = t_N = z_N = 0$

Die Variablen x_i, s_i und r_i sind zu interpretieren als stationäre Grenzwahrscheinlichkeiten dafür, daß das Lager sich im Zustand $x^{(i)}$ befindet. Für jedes i kann nur jeweils eine dieser Variablen größer als Null sein. Hierbei gilt $r_i > 0$, wenn das Lager im Zustand $x^{(i)}$ bei optimaler Politik abgebaut werden soll, $s_i > 0$, wenn es aufgefüllt und $x_i > 0$, wenn der Lagerbestand nicht geändert werden soll. Die Variablen y_i und q_i stellen kumulierte

Grenzwahrscheinlichkeiten dar. y_i ist die Wahrscheinlichkeit dafür, daß das Lager kleiner als $x^{(i)}$ ist, wenn es bei optimaler Politik auf $x^{(i)}$ aufgefüllt werden muß. q_i ist die Wahrscheinlichkeit, daß das Lager größer als $x^{(i)}$ ist, wenn es auf $x^{(i)}$ abgebaut werden muß. t_i und z_i sind ihrer Bedeutung nach ebenfalls kumulierte Wahrscheinlichkeiten.
Nach der Lösung des LP2/P erhält man die optimale Politik $D^*(i)$ somit durch folgende Regel:

$$(3.47) \quad D^*(i) = \begin{cases} i & \text{für } x_i > 0 \\ \min\{k \mid k > i, y_k > 0\} & s_i > 0 \\ \max\{k \mid k < i, q_k > 0\} & r_i > 0 \end{cases}$$

Dieses Verfahren der Reduzierung eines LP wurde von EPPEN und FAMA [7] zur Lösung eines Kassenhaltungsproblems mit diskontiertem Kostenkriterium angewendet. Im Unterschied dazu ist das hier dargestellte reduzierte LP für ein Durchschnittskostenkriterium entwickelt, so daß sich die Nebenbedingungen (A) und (B) im LP2/P von den entsprechenden Restriktionen im diskontierten Fall unterscheiden.

Für Rechenzeit und Speicherplatz, den die Lösung eines solchen LP erfordert, ist nicht nur die Anzahl der Variablen und Restriktionen von Bedeutung sondern auch die Anzahl der Nicht-Null-Elemente im Ausgangstableau des Linearen Programms.
Dieses Ausgangstableau hat folgende Struktur:

	x [N]	s [N-1]	t [N-2]	y [N-1]	r [N-1]	z [N-2]	q [N-1]
ZF [1]	$\vec{k}$	$\vec{w}$		$\vec{v}$	$\vec{x}$		$\vec{y}$
NB(A) [1]	$\vec{e}$			$\vec{e}$			$\vec{e}$
NB(B) [N-1]	Π	E_1		Γ	E		Δ
NB(C) [N-1]		$-E$	E_2	E			
NB(D) [N-1]					$-E$	$-E_2$	E

In diesem Tableau sind in den Zeilen die Zielfunktion und die einzelnen Nebenbedingungen abgetragen. In den Spalten sind die Variablen des Problems aufgeführt. Die zugehörige Anzahl von Zeilen bzw. Spalten ist jeweils in eckigen Klammern angegeben.

Die Vektoren $\vec{k}, \vec{w}, \vec{v}, \vec{x}$ und $\vec{y}$ enthalten die entsprechenden Kostenkoeffizienten aus (3.38). Der Vektor $\vec{e}$ ist der Einheitsvektor, die Matrix E die Einheitsmatrix. Π, Γ und Δ sind vollbesetzte Matrizen, die die Übergangswahrscheinlichkeiten p_i^k (negativ) enthalten. Die übrigen Matrizen haben folgende Form:

$$E_1 = \begin{pmatrix} 0 & 1 & 0 & \dots & 0 & 0 \\ 0 & 0 & 1 & \dots & 0 & 0 \\ \vdots & & & \ddots & & \vdots \\ 0 & 0 & 0 & \dots & 0 & 1 \\ 0 & 0 & 0 & \dots & 0 & 0 \end{pmatrix} \text{ und } E_2 = \begin{pmatrix} 1 & 0 & 0 & \dots & 0 & 0 \\ -1 & 1 & 0 & \dots & 0 & 0 \\ 0 & -1 & 1 & & 0 & 0 \\ \vdots & & & \ddots & & \vdots \\ 0 & 0 & 0 & \dots & -1 & 1 \\ 0 & 0 & 0 & \dots & 0 & -1 \end{pmatrix}$$

Die nicht bezeichneten Felder im Tableau enthalten nur Nullen. Die Besetzungsdichte ρ der gesamten Matrix ist abhängig von der Anzahl N der Zustände:

$$\rho = \frac{3 \cdot N^2 + 13 \cdot N - 19}{21 \cdot N^2 + 31 \cdot N + 8}$$

Wegen $\lim\limits_{N \to \infty} \rho = \frac{1}{7}$ geht die Dichte bei einer sehr großen Anzahl von Zuständen bis auf ca. 14% herab. Für 50 Zustände beträgt die Besetzungsdichte ca. 16%.

Bei der praktischen Berechnung ist die Dichte gewöhnlich noch etwas geringer, weil (je nach Umfang des Zustandsbereiches) viele Elemente der Matrizen Π, Γ und Δ so klein sind, daß sie numerisch gleich Null gesetzt werden.

Für die Durchführung der Lösung dieses Linearen Programms wurde das APEX-I-System der Control Data Corporation verwendet. Die Elemente der Ausgangstableaus wurden mit Hilfe eines eigenen Programms generiert (siehe Anhang VI). Für die Lösung eines Problems mit 75 Zuständen auf einer elektronischen Rechenanlage vom Typ CD CYBER 7213 braucht das Matrix-Generator-Programm rund 4 Minuten Rechenzeit. Das zugehörige APEX-I-Programm zur Lösung des LP benötigt eine Rechenzeit von 3 - 5 Minuten bei einem Kernspeicherbedarf von ca. 30.000 Wörtern.

3.2.2.3. Die Ergebnisse der numerischen Berechnungen

Bei einer Aufteilung des Zustandsraums in 75 Zustände ergibt sich für alle (63) Kostenstrukturen, für die die Berechnung mit dem LP-Ansatz durchgeführt wurde (siehe Anhang VIII), daß die optimale Politik die einfache (t,T,Z,z)-Form aus (3.29) hat. Zu demselben Ergebnis kommen auch EPPEN und FAMA [7] bei der Untersuchung eines Kassenhaltungsmodells mit Fixkosten und mit konvexen Lagerkosten, wobei sie allerdings wesentlich einfachere Nachfrageverteilungen zugrunde legen (Verteilungen mit maximal 5 verschiedenen Werten).
Dies deutet darauf hin,daß für Produktions-Lagerhaltungsmodelle mit einer Kosten- und Nachfragestruktur wie im vorliegenden Fall eine einfache (t,T,Z,z)-Politik optimal ist. Mit Sicherheit läßt sich diese Aussage allerdings nicht machen, weil eine Berechnung mit einer größeren Anzahl von Zuständen als 75 auf eine Politik mit einer anderen Struktur führen könnte.
Allerdings kann eine Vermehrung der Zustände, wie die Berechnungen zeigen, das Kostenminimum nur noch unbedeutend beeinflussen (vgl. Anhang IV).

Bei der Aufteilung des Zustandsraums wurde ebenso vorgegangen wie im Fall ohne Fixkosten (siehe Kap. 3.1.3). Dabei stellt sich heraus, daß sich die Kosten $\bar{C}^*_\cdot$ bei einer Einteilung, die über 70 Zustände hinausgeht, nur noch um weniger als $1/100 \cdot \sigma$ (bei h=1) ändern. Die mit 75 Zustandsgrößen erreichte Genauigkeit reicht für einen sinnvollen Kostenvergleich mit den anderen Lösungsverfahren des PLM vollkommen aus.
Die Parameter der offensichtlich vorliegenden (t,T,Z,z)-Politik lassen sich mit dem LP-Verfahren allerdings nur recht ungenau

ermitteln, weil sie jeweils nur einen von 75 möglichen Lagerwerten annehmen können. Eine Möglichkeit zur genaueren Berechnung dieser Parameter wird im folgenden Kapitel dargestellt.

3.2.3. Ein Iterationsverfahren zur Bestimmung der Parameter der optimalen Politik

Die Ergebnisse der numerischen Berechnungen deuten also darauf hin, daß unter den speziellen Voraussetzungen des gegebenen Modells (stationäre, streng konvexe Lagerkosten L(•) und stationäre, normalverteilte Nachfrageverteilungen $\Phi(\cdot)$) eine einfache (t,T,Z,z)-Politik optimal ist. Dies läßt vermuten, daß, wie im Fall ohne Fixkosten, für jedes endlichperiodige Problem eine Politik mit dieser Struktur optimal ist und daß diese Parameter t_k, T_k, Z_k und z_k bei unendlichem Planungshorizont gegen die Parameter der stationären Politik konvergieren. Setzt man diese Annahmen voraus, so lassen sich die optimalen Parameter t,T,Z, und z, analog zu dem in Kap. 3.1.2 gezeigten Iterations-Verfahren für den Fall ohne Fixkosten, wesentlich effizienter bestimmen als es mit dem LP-Algorithmus möglich ist.
Für die in Kap. 3.2.1. genannten Sonderfälle (p=q=0, h=v, P=Q) ist dieses Verfahren exakt anwendbar, weil hier die obigen Voraussetzungen zutreffen. Für die übrigen Kostenstrukturen dürfte das Iterationsverfahren auf jeden Fall ein effizientes Verfahren zur Ermittlung einer guten Näherung darstellen.

Zunächst werden analog zu (3.9) im Grundmodell die Funktionalgleichungen für das Fixkosten-Modell aufgestellt:

$$F_k(x) = \frac{1}{k}\cdot\min\left\{\begin{array}{l}\min\limits_{y>x}\{P + p\cdot(y-x) + H_k(y)\}\\ \qquad H_k(x)\\ \min\limits_{y<x}\{Q-q\cdot(y-x) + H_k(y)\}\end{array}\right\} \quad \text{für } k = 1,2,\ldots \tag{3.48}$$

$$F_0(x) \equiv 0$$

Die Funktion $H_k(y)$ ist definiert wie in

$$(3.8) \qquad H_k(y) = L(y) + (k-1)\cdot \int_{-\infty}^{\infty} F_{k-1}(y-r)\phi(r)\,dr$$

Unter der Annahme, daß $H_k(y)$ eine rechtsseitig P-konvexe und linksseitig Q-konvexe Funktion ist, ist die optimale Politik auf jeder Stufe k durch die vier Parameter t_k, T_k, Z_k und z_k bestimmt, die folgenden Bestimmungsgleichungen genügen (vgl. GIRGIS [10]):

$$(3.49) \qquad p\cdot T_k + H_k(T_k) = \min_y \{p\cdot y + H_k(y)\}$$

$$(3.50) \qquad t_k = \min\{y \mid p\cdot y + H_k(y) = P + p\cdot T_k + H_k(T_k)\}$$

$$(3.51) \qquad -q\cdot Z_k + H_k(Z_k) = \min_y\{-q\cdot y + H_k(y)\}$$

$$(3.52) \qquad z_k = \max\{y \mid -q\cdot y + H_k(y) = Q - q\cdot Z_k + H_k(Z_k)\}$$

Aus (3.49) und (3.51) ergeben sich für T_k und Z_k folgende notwendige Bedingungen:

$$(3.53) \qquad T_k = H_k'^{-1}(-p)$$

$$(3.54) \qquad Z_k = H_k'^{-1}(q)$$

Sind diese Werte nicht eindeutig, so ist derjenige Wert zu wählen, der die Bestimmungsgleichung (3.49) bzw. (3.51) erfüllt.

Wendet man auf jeder Stufe k eine einfache Politik mit den oben bestimmten Parametern an

$$(3.55) \qquad Y_k(x) = \begin{cases} T_k & \text{für } x < t_k \\ 0 & t_k \le x \le z_k \\ Z_k & x > z_k \end{cases}$$

so ergibt sich aus (3.48) folgende Wertfunktion:

$$(3.56)\quad F_k(x) = \begin{cases} \frac{1}{k}\cdot\left[P + p\cdot(T_k - x) + H_k(T_k)\right] & \text{für } x<t_k \\ \frac{1}{k}\cdot H_k(x) & t_k \le x \le z_k \\ \frac{1}{k}\cdot\left[Q - q\cdot(Z_k - x) + H_k(Z_k)\right] & x>z_k \end{cases}$$

Durch Einsetzen in (3.8) und Umformen erhält man damit für $H_k(y)$ folgende Rekursionsformel:

$$(3.57)\quad H_k(y) = L(y) + \int_{y-t_{k-1}}^{\infty} \left[P + p\cdot T_{k-1} + H_{k-1}(T_{k-1}) - p\cdot(y-r)\right]\phi(r$$

$$+ \int_{y-z_{k-1}}^{y-t_{k-1}} H_{k-1}(y-r)\,\phi(r)\,dr$$

$$+ \int_{-\infty}^{y-z_{k-1}} \left[Q - q\cdot Z_{k-1} + H_{k-1}(Z_{k-1}) + q(y-r)\right]\cdot\phi(r)\,dr$$

Unter Berücksichtigung von (3.50) und (3.52) führt diese Rekursionsformel auf dieselbe Form, wie sie (3.14) im Grundmodell darstellt:

$$(3.58)\quad H_k(y) = L(y) + \left[p\cdot(t_{k-1} - y) + H_{k-1}(t_{k-1})\right]\cdot\left[1 - \Phi(y - t_{k-1})\right]$$

$$+ p\cdot \int_{y-t_{k-1}}^{\infty} r\cdot\phi(r)\cdot dr + \int_{y-z_{k-1}}^{y-t_{k-1}} H_{k-1}(y-r)\cdot\phi(r)\,dr$$

$$+ \left[-q(z_{k-1} - y) + H_{k-1}(z_{k-1})\right]\cdot\Phi(y - z_{k-1})$$

$$-q \int_{-\infty}^{y-z_{k-1}} r\cdot\phi(r)\,dr$$

Somit läßt sich $H_k(y)$ ausdrücken wie in Gleichung (3.15), und für die Ableitung $H'_k(y)$, die man zur Bestimmung von T_k und Z_k braucht, gilt die Gleichung (3.16).

Berücksichtigt man, daß sich die Startfunktionen $H_1(y) = L(y)$ und $H_1'(y) = L'(y)$ aus (3.4) bzw. (3.5) ergeben, so lassen sich die Parameter t_k, T_k, Z_k und z_k durch ein Iterationsverfahren nach folgendem Schema ermitteln:

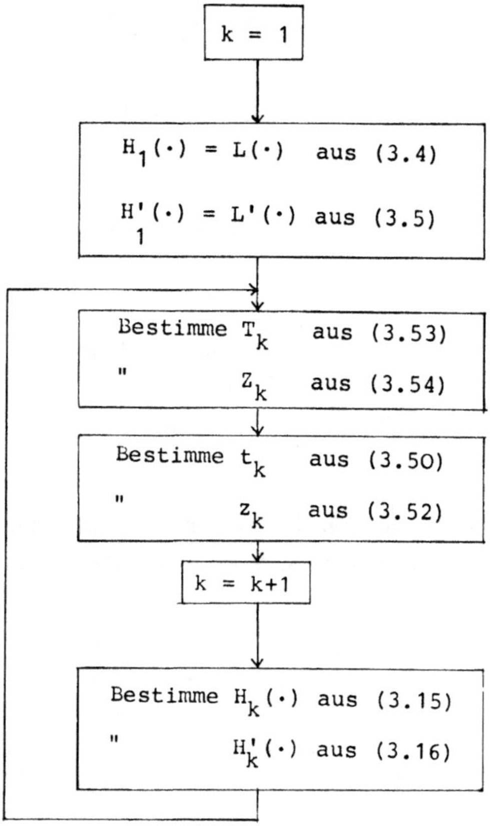

Für P = Q = O (keine Fixkosten!) erhält man nach (3.50) und (3.52) $t_k = T_k$ und $z_k = Z_k$ für alle k, so daß man gerade zum Iterationsverfahren für das Grundmodell gelangt.
Das oben geschilderte Iterationsverfahren wurde in ALGOL programmiert (siehe Anhang II). Die numerische Auswertung ergab, daß die Parameter t_k, T_k, Z_k und z_k für alle (63) untersuchten Kostenkombinationen jeweils konvergierten (vgl. Anhang III).

Die Schnelligkeit der Konvergenz hängt wie im Fall ohne Fixkosten vom Verhältnis der Kostenparameter zueinander ab, wobei hier die zusätzlichen Fixkosten die Konvergenz verlangsamen.

Die folgende Tabelle zeigt die Anzahl der benötigten Iterationen bei einer Abbruchschranke von $\varepsilon = 0{,}5 \cdot 10^{-2} \cdot \sigma$ für verschiedene Kombinationen von Kostenparametern (bei h=1 und v=h):

p=q \ P=Q	$0{,}1 \cdot h \cdot \sigma$	$h \cdot \sigma$	$10 \cdot h \cdot \sigma$	$100 \cdot h \cdot \sigma$
0	3	3	9	33
h	5	6	11	35
$5 \cdot h$	13	14	18	33
$10 \cdot h$	23	23	28	45

Berücksichtigt man, daß jeder Iterationsschritt auf der CD CYBER 7213 ca. 4 Sekunden Rechenzeit benötigt (ohne wesentliche Anforderungen an Speicherplatz), so sieht man, daß dieses Verfahren ohne großen Aufwand auf genaue Werte für die Parameter t, T, Z, und z führt.

Ein Vergleich mit den entsprechenden Parameterwerten, die aus der LP-Lösung stammen, zeigt, daß die Werte aus dem Iterationsansatz jeweils nahe bei den diskreten Werten liegen bzw. umgekehrt (vgl. Anhang VIII). Dies ist ein Hinweis mehr darauf, daß im gegebenen Modell die Voraussetzungen des Iterations-Ansatzes tatsächlich vorliegen, d. h., daß die optimale Politik wirklich eine einfache (t,T,Z,z)-Struktur besitzt.

3.2.4. Sensitivitätsanalyse

Die Parameter s der (t,T,Z,z)-Politik und die Durchschnittskosten sind nach den bisherigen Überlegungen Funktionen der Kostenparameter und der Nachfragestreuung:

$$s = s(h,v,p,q,P,Q,\sigma) \qquad \text{mit } s \in \{t,T,Z,z\}$$

(3,59)

$$C^{*} = C^{*}(h,v,p,q,P,Q,\sigma)$$

Auch hier lassen sich wie im Fall ohne Fixkosten durch dimensionsanalytische Betrachtungen schon wichtige Einblicke gewinnen. Es gelten folgende Dimensionen:

- für die Modellgrößen: h,v,p,q [GE/ME] ; P,Q [GE] ; σ [ME]
- für die Lösungsgrößen: t,T,Z,z [ME] ; C^{*} [GE] .

<1> Analog zu Satz (3.3) läßt sich damit für das Fixkosten-Modell folgender Satz aufstellen:

<u>SATZ (3.6):</u>

Eine proportionale Änderung aller Kostenparameter h,v,p,q,P,Q um denselben Faktor λ entspricht einer Änderung der Dimension GE und führt somit zu einer gleich großen Änderung der Kosten C^{*}, während die Politikparameter t,T,Z,z nicht beeinflußt werden:

$$C^{*}(\lambda\cdot h,\lambda\cdot v,\lambda\cdot p,\lambda\cdot q,\lambda\cdot P,\lambda\cdot Q,\sigma) = \lambda\cdot C^{*}(h,v,p,q,P,Q,\sigma)$$

$$s(\lambda\cdot h,\lambda\cdot v,\lambda\cdot p,\lambda\cdot q,\lambda\cdot P,\lambda\cdot Q,\sigma) = s(h,v,p,q,P,Q,\sigma)$$

<2> Dem Satz (3.4) entspricht im Fixkostenfall der

SATZ (3.7):

Eine proportionale Änderung der Standardabweichung σ und der Fixkosten P und Q um denselben Faktor λ entspricht einer gleichzeitigen Änderung der Dimensionen GE und ME und führt somit zu einer entsprechenden Änderung der Politikparameter und der Durchschnittskosten:

$$C^{*}(h,v,p,q,\lambda\cdot P,\lambda\cdot Q,\lambda\cdot\sigma) = \lambda\cdot C^{*}(h,v,p,q,P,Q,\sigma)$$

$$s(h,v,p,q,\lambda\cdot P,\lambda\cdot Q,\lambda\cdot\sigma) = \lambda\cdot s(h,v,p,q,P,Q,\sigma)$$

Aus Satz (3.6) und Satz (3.7) folgt der

SATZ (3.8):

Die Modellparameter lassen sich im Fixkosten-Modell standardisieren, indem man einen Kostenparameter (z. B. h=1) und die Standardabweichung normiert (σ=1) und die übrigen variablen Kostenparameter (v,p,q) auf das normierte h und die Fixkostenparameter (P,Q) auf das Produkt $h\cdot\sigma$ bezieht.

Die Ergebnisse der numerischen Berechnungen nach dem LP-Ansatz und dem Iterations-Ansatz zeigen übereinstimmend folgende weiteren Zusammenhänge (vgl. Anhang VIII):

<3> Für die Abhängigkeit der Kosten und Politikparameter von den einzelnen variablen Kostenparametern (p,q,h,v) gelten dieselben Aussagen wie im Fall ohne Fixkosten (vgl. Kap. 3.1.4.) mit der Ergänzung, daß die zusammengehörenden Interventions- und Rückkehrpunkte (t und T bzw. z und Z) sich jeweils in dieselbe Richtung ändern.

<4> Mit steigenden Fixkosten entfernen sich die Interventionspunkte voneinander, und es wächst ebenfalls der Abstand zwischen jeweiligem Interventions- und Rückkehrpunkt:

$$P \nearrow \text{ und } Q \nearrow \quad \Rightarrow \quad t \searrow \;,\; z \nearrow \;,\; (T-t) \nearrow \;,\; (z-Z) \nearrow$$

Das bedeutet, daß mit steigenden Fixkosten sich einerseits der "kritische Bereich" $[t,z]$, in dem keine Produktionsänderung vorgenommen wird, vergrößert, während sich andererseits das Ausmaß der Produktionsänderung, sofern der Lagerstand nicht im $[t,z]$-Bereich liegt, verstärkt. Diese Tendenzen sind um so ausgeprägter, je kleiner die variablen Produktionsänderungskosten sind und je weniger die Fehlmengen von den Lagerkosten abweichen.

<5> Aus Satz (3.7) folgt:

$$C^*(h,v,p,q,P,Q,\lambda\cdot\sigma) = \lambda\cdot C^*(h,v,p,q,\tfrac{1}{\lambda}\cdot P,\tfrac{1}{\lambda}\cdot Q,\sigma) \;,$$

$$s(h,v,p,q,P,Q,\lambda\cdot\sigma) = \lambda\cdot s\;(h,v,p,q,\tfrac{1}{\lambda}\cdot P,\tfrac{1}{\lambda}\cdot Q,\sigma) \;.$$

Somit läßt sich also die Abhängigkeit der Lösungswerte von der Nachfragestreuung σ durch die Abhängigkeit von den beiden Fixkostenparametern P und Q ausdrücken.

<6> Die Vergrößerung einzelner Kostenparameter oder der Nachfragestreuung führt zu einer unterproportionalen Erhöhung der optimalen Durchschnitskosten.

3.3. Zur optimalen Politik im Modell mit korrelierter Nachfrage

3.3.1. Möglichkeiten und Grenzen der Optimierung im korrelierten Modell

Bildet die Nachfrage $\{r_k\}$ einen autoregressiven Prozeß erster

Ordnung, wie es in (2.3) dargestellt ist, dann reicht zur Beschreibung des Zustands des Systems zu Beginn einer Periode k nicht allein der Lagerbestand x_k aus, sondern es muß zusätzlich auch die in der Vorperiode realisierte Nachfrage r_{k-1} hinzugenommen werden, weil diese über (2.3) die Verteilungsfunktion für die Entscheidungsperiode k beeinflußt. Wegen (2.2) und (2.4) gilt

$$(3.60) \qquad \phi(r_k | r_{k-1}) = \frac{1}{\sqrt{2\pi}\cdot\sigma}\cdot e^{-\frac{1}{2}\frac{(r_k - a\cdot r_{k-1})^2}{\sigma^2}} = \phi(r_k - a\cdot r_{k-1})$$

Die stationäre Entscheidungsfunktion aus (2.10) hängt also von zwei Variablen ab:

$$(3.61) \qquad u_k = U(x_k, r_{k-1})$$

Aus der Kassenhaltungstheorie sind keine Aussagen über die optimale Politik im Falle einer solchen abhängigen Nachfrage bekannt. Eine näherungsweise Bestimmung der optimalen Politik ist im korrelierten Fall ebenso wie im Fixkosten-Modell durch Diskretisierung und Anwendung des stochastischen DP möglich. Faßt man nämlich die Nachfrage r_{k-1} und das Lager x_k zu einem neuen Zustand zusammen

$$(3.62) \qquad s_k := (r_{k-1}, x_k) \quad ,$$

so bildet die Zustandsfolge $\{s_k\}$ bei jeder Politik nach (3.61) einen Markovprozeß mit folgenden Übergängen

$$(3.63) \qquad r_{k-1} \to r_k \quad \text{und} \quad x_k \to x_{k+1} = x_k + U(x_k, r_{k-1}) - r_k$$

Die Übergangswahrscheinlichkeiten werden somit mittels (3.60) gebildet und lassen sich durch die Entscheidungsfunktion (3.61) beeinflussen.

Die Optimierungsaufgabe führt also auf einen zweidimensionalen Markovschen Entscheidungsprozeß, der sich prinzipiell durch Wertiteration, Politikiteration oder durch einen LP-Ansatz lösen läßt. Wegen der Zweidimensionalität des Problems stößt man hier aber auf die rechentechnischen Grenzen der Lösbarkeit dynamischer Programmierungsaufgaben.
Eine Diskretisierung des Modells gemäß (3.23) mit N Lager- und M Nachfragezuständen erfordert bei Wert- und Politikiteration auf jeder Iterationsstufe $M \cdot N^2$ Funktionsberechnungen und numerische Vergleiche sowie bei Politikiteration zusätzlich die Invertierung einer $(M \cdot N) \times (M \cdot N)$-Matrix (vgl. SCHNEEWEISS [32]). Eine LP-Ansatz analog zu LP1/P in Kap. 3.2.2.2. hätte $M \cdot N^2$ Variable und $M \cdot N$ Nebenbedingungen. Eine Reduzierung wie bei LP 2/P wäre hier nicht möglich.

Schon eine Aufteilung des gesamten Zustandsraums in 10 Nachfrage- und 10 Lagerwerte, die noch keine Ergebnisse mit befriedigender Genauigkeit erwarten läßt, führt also auf äußerst umfangreiche Rechenprogramme. Eine stärkere Aufteilung des Zustandsraums, wie sie zur genauen Bestimmung der minimalen Durchschnittskosten nötig ist, bringt Probleme mit sich, die nur lösbar sind, wenn es gelingt, die Rechenoperationen (z. B. durch Ausschluß suboptimaler Entscheidungen) wesentlich zu verringern.
Eine Möglichkeit hierzu bietet die Analyse des Modells mit Korrelation durch die Wertiteration des DP. Sie liefert auch ein Approximationsverfahren zur Bestimmung der optimalen Politik.

3.3.2. Untersuchung des korrelierten Modells mit Hilfe der Wertiteration

Bezeichnet man den Lagerbestand zu Beginn einer Entscheidungsperiode mit x und die zuletzt realisierte Nachfrage mit R, dann lassen sich die Funktionalgleichungen für den zweidimensionalen Fall des korrelierten Modells analog zu (3.3) aufstellen:

$$\mathcal{F}_k(x,R) = \min_y\{\tfrac{1}{k}[P(y-x)+\mathcal{L}(y,R)+(k-1)\int_{-\infty}^{\infty}\mathcal{F}_{k-1}(y-r,r)\phi(r|R)dr]\}$$

(3.64)

$$\mathcal{F}_o(x,R) \equiv 0 \qquad \text{für } k = 1,2,...$$

mit

$$(3.65)\quad \mathcal{L}(y,R) = L(y|R) = h\cdot\int_{-\infty}^{y}(y-r)\cdot\phi(r|R)dr - v\cdot\int_{y}^{\infty}(v-r)\phi(r|R)dr$$

Definiert man

$$(3.66)\quad \mathcal{H}_k(y,R) := \mathcal{L}(y,R)+(k-1)\cdot\int_{-\infty}^{\infty}\mathcal{F}_{k-1}(y-r,r)\phi(r-a\cdot R)dr \quad ,$$

so lassen sich wegen (3.60) die Funktionalgleichungen in (3.64) auch in folgender Form schreiben:

$$\mathcal{F}_k(x,R) = \frac{1}{k}\cdot\min_y\{P(y-x)+\mathcal{H}_k(y,R)\}$$

(3.67)

$$\mathcal{F}_o(x,R) \equiv 0$$

Wie im weiteren gezeigt werden soll, ergibt sich aus diesen Funktionalgleichungen der

SATZ (3.9) :

(A) Die optimale Politik für jedes k-Periodenproblem hat eine (t,z)-Struktur wie im unkorrelierten Fall, wobei die Rückkehrpunkte hier Funktionen der zuletzt realisierten Nachfrage sind:

$$Y_k^*(x,R) = \begin{cases} t_k(R) := \tau_k(R)+aR & \text{für } x<t_k(R) \\ x & t_k(R)\leq x\leq z_k(R) \\ z_k(R) := \zeta_k(R)+aR & x>z_k(R) \end{cases}$$

mit $t_k(R)\leq z_k(R)$

(B) $\mathcal{F}_k(x,R) = f_k(x-a\cdot R,R)$ für $k = 0,1,2,...$

(C) $\mathcal{H}_k(y,R) = h_k(y-a\cdot R,R)$ für $k = 1,2,3,...$

Bevor dieser Satz unter Anwendung zweier Lemmata bewiesen wird, seien einige Definitionen und Umformungen vorangeschickt.

Die Funktionen $f_k(.,.)$, $h_k(.,.)$, $\tau_k(.)$ und $\zeta_k(.)$ stammen aus dem folgenden System von Funktionalgleichungen:

$$f_k(x,R) = \frac{1}{k}\cdot\min_y\{P(y-x)+L(y)+(k-1)\int_{-\infty}^{\infty} f_{k-1}(y-r,\frac{r+a\cdot R}{1+a})\cdot\psi(r-a^2\cdot R)dr\}$$

(3,68) für $k = 1,2,...$

$$f_o(x,R) \equiv 0$$

mit

(3.69)

$$\psi(r) = \frac{1}{1+a}\cdot\phi(\frac{r}{1+a})$$

Mit der Definition

$$\text{(3.70)} \quad h_k(y,R) := L(y)+(k-1)\cdot\int_{-\infty}^{\infty} f_{k-1}(y-r,\frac{r+a\cdot R}{1+a})\cdot\psi(r-a^2\cdot R)dr$$

läßt sich (3.68) wegen der Kostenstruktur aus (2.7) auch in folgender Form schreiben:

$$f_k(x,R) = \frac{1}{k}\cdot\min\left\{\begin{array}{l}\min\limits_{y\geq x}\{p\cdot(y-x) + h_k(y,R)\} \\ \\ \min\limits_{y<x}\{-q\cdot(y-x) + h_k(y,R)\}\end{array}\right\} \quad \text{für } k = 1,2,...$$

(3.71)

$$f_o(x,R) \equiv 0$$

Aus (3.70) folgt

(3.72) $\quad h_1(y,R) = L(y)$

Wegen $h_1''(y,R) = L''(y) > 0$[1] nach (3.6) ist die Funktion $h_1(y,R)$ konvex in y, so daß auch hier der Satz (3.1) mit seinen Aussagen über die optimale Politik gilt:

$$(3.73) \quad y_k^*(x,R) = \begin{cases} \tau_k(R) & \text{für} \quad x<\tau_k(R) \\ x & \tau_k(R) \le x \le \zeta_k(R) \\ \zeta_k(R) & x>\zeta_k(R) \end{cases}$$

mit $\tau_k(R) \le \zeta_k(R)$

Die Bestimmungsgleichungen für die Rückkehrpunkte lauten hier entsprechend (3.13)

(3.74) $\quad h_k'(\tau_k,R) = -p \quad$ und $\quad h_k'(\zeta_k,R) = q$

Der Beweis des Satzes (3.9) erfolgt nun durch vollständige Induktion mittels zweier Lemmata.

<u>LEMMA (3.2) :</u>

Es gelten die Anfangsbedingungen

(A) $\mathcal{F}_o(x,R) = f_o(x-a\cdot R,R)$ und

(B) $\mathcal{H}_1(y,R) = h_1(y-a\cdot R,R)$.

<u>Beweis zu (A) :</u>

Aus (3.64) und (3.68) folgt:

$$\mathcal{F}_o(x,R) = fo(x,R) = fo(x-a\cdot R,R) = 0 \blacksquare$$

1) Definitionen: $h_k'(y,R) := \frac{\partial h_k(y,R)}{\partial y}$ und $h_k''(y,R) := \frac{\partial^2 h_k(y,R)}{\partial y^2}$ für k = 1,2,...

Beweis zu (B)

Nach (3.65) und (3.62) gilt:

$$\mathcal{L}(y,R) = h\cdot \int_{-\infty}^{y} (y-r)\phi(r-a\cdot R)\, dr - v \int_{y}^{\infty} (y-r)\cdot\phi(r-a\cdot R)\, dr$$

Durch Variablensubstitution s := r-a·R erhält man

$$\text{(3.75)}\quad \mathcal{L}(y,R) = h\cdot \int_{-\infty}^{y-a\cdot R} (y-s-aR)\cdot\phi(s)\,ds - v \int_{y-a\cdot R}^{\infty} (y-s-a\cdot R)\phi(s)\,ds$$

$$= L(y-aR)$$

Zusammen mit (3.66) und (3.72) ergibt sich dann

$$\mathcal{H}_1(y,R) = \mathcal{L}(y,R) = L(y-aR) = h_1(y-aR,R) \qquad \blacksquare$$

LEMMA (3.3) :

Gelten für eine beliebige Stufe k die Voraussetzungen

(V.1) $\mathcal{F}_{k-1}(x,R) = f_{k-1}(x-aR,R)$ und

(V.2) $\mathcal{H}_k(y,R) = h_k(y-a\cdot R,R)$,

so folgt daraus für die nächste Stufe:

(A) $\mathcal{F}_k(x,R) = f_k(x-aR,R)$

$$\text{(B)}\quad Y_k^*(x,R) = \begin{cases} \tau_k(R)+a\cdot R & \text{für } x<\tau_k(R)+a\cdot R \\ x & \tau_k(R)+a\cdot R\le x\le\zeta_k(R)+a\cdot R \\ \zeta_k(R)+a\cdot R & x>\zeta_k(R)+a\cdot R \end{cases}$$

(C) $\mathcal{H}_{k+1}(y,R) = h_{k+1}(y-a\cdot R,R)$.

Beweis zu (A) :

Aus (3.67) und (V.2) folgt:

$$\mathfrak{F}_k(x,R) = \frac{1}{k}\cdot\min_y\{P(y-x) + h_k(y-a\cdot R,R)\}$$

Durch Variablensubstitution y' := y-a·R erhält man

$$(3.76)\quad \mathfrak{F}_k(x,R) = \frac{1}{k}\cdot\min_{y'}\{P(y'+a\cdot R-x) + h_k(y',R)\}$$

$$= \frac{1}{k}\cdot\min_{y'}\{P(y'-(x-a\cdot R)) + h_k(y',R)\}$$

$$= f_k(x-aR,R) \text{ nach (3.68) und (3.70)} \quad \blacksquare$$

Beweis zu (B) :

Aus (3.76) folgt zusammen mit (3.73) für die optimale Politik

$$Y_k'^{*}(x,R) = Y_k'^{*}(x-aR,R) = \begin{cases} \tau_k(R) & \text{für} \quad x-a\cdot R<\tau_k(R) \\ x-a\cdot R & \tau_k(R)\leq x-a\cdot R\leq \zeta_k(R) \\ \zeta_k(R) & x-a\cdot R>\zeta_k(R) \end{cases}$$

$$\text{mit } \tau_k(R)\leq\zeta_k(R) \quad .$$

Wegen $Y_k^{*}(x,r) = Y_k'^{*}(x,R) + aR$ gilt dann:

$$Y_k^{*}(x,R) = \begin{cases} \tau_k(R) + a\cdot R & \text{für} \quad x<\tau_k(R)+a\cdot R \\ x & \tau_k(R)+a\cdot R\leq x\leq\zeta_k(R)+a\cdot R \\ \zeta_k(R) + a\cdot R & x>\zeta_k(R)+a\cdot R \end{cases} \quad \blacksquare$$

Beweis zu (C) :

Aus (3.66) und (V.1) folgt :

$$\mathfrak{X}_{k+1}(y,R) = \mathfrak{L}(y,R) + \mathfrak{J}_k(y,R)$$

$$\text{mit } \mathfrak{J}_k(y,R) := k\cdot \int_{-\infty}^{\infty} f_k(y-r-a\cdot r,r)\cdot\phi(r-aR)dr$$

Durch Variablensubstitution $s := (1+a)\cdot r-a\cdot R$ erhält man

$$\mathfrak{J}_k(y,R) = k\cdot \int_{-\infty}^{\infty} f_k(y-s-aR,\tfrac{s+aR}{1+a})\cdot\phi(\tfrac{s+aR}{1+a}-a\cdot R)\cdot\tfrac{1}{1+a}\cdot ds$$

$$= k\cdot \int_{-\infty}^{\infty} f_k(y-aR-s,\tfrac{s+aR}{1+a})\cdot\tfrac{1}{1+a}\cdot\phi(\tfrac{s-a^2R}{1+a})\cdot ds$$

$$= k\cdot \int_{-\infty}^{\infty} f_k(y-aR-s,\tfrac{s+aR}{1+a})\cdot\psi(s-a^2R)ds \quad \text{nach (3.69)} .$$

Somit folgt nach (3.70) und (3.75)

$$\mathfrak{X}_{k+1}(y,R) = \mathfrak{L}(y,R) + \mathfrak{J}_k(y,R) = h_{k+1}(y-a\cdot R) \quad \blacksquare$$

Damit ist auch der Satz (3.9) bewiesen! Wegen der Stationarität des zugrunde liegenden Gauß-Markov-Nachfrageprozesses aus (2.3) und wegen der Stationarität aller übrigen Modellparameter dürften Grenzfunktionen für die R-abhängigen Rückkehrpunkte existieren:

$$\tau_k(R) \rightarrow \tau(R)$$

$$\text{für } k \rightarrow \infty$$

$$\text{und } \zeta_k(R) \rightarrow \zeta(R)$$

Damit gilt für die optimale stationäre Politik:

$$(3.77)\quad Y^*(x_k,r_{k-1}) = \begin{cases} \tau(r_{k-1}) + a\cdot r_{k-1} & \text{für} \quad x<\tau(r_{k-1})+a\cdot r_k \\ x_k & \tau(r_{k-1})+a\cdot r_{k-1}\leq x\leq \zeta(r_{k-1})+a\cdot r_k \\ \zeta(r_{k-1}) + a\cdot r_{k-1} & x>\zeta(r_{k-1})+a\cdot r_k \end{cases}$$

$$\text{mit} \quad \tau(r_{k-1})\leq\zeta(r_{k-1})$$

bzw. $U^*(x_k,r_{k-1}) = Y^*(x_k,r_{k-1}) - x_k$

3.3.3. Lösungswege für das korrelierte Modell

Weil nun aus (3.77) bekannt ist, daß die optimale Politik eine nachfrageabhängige (t,z)-Struktur besitzt, lassen sich bei der Optimierung des in Kap. 3.3.1. beschriebenen Markovschen Entscheidungsprozesses alle Entscheidungsstrategien, die eine andere Struktur haben, als suboptimal eliminieren. Das wirkt sich dahingehend aus, daß bei Politik- oder Wertiteration auf jeder Stufe statt ursprünglich $M\cdot N^2$ nur noch $M\cdot N$ Funktionsbestimmungen und numerische Vergleiche (zur Bestimmung der Parameter t und z für jeden der M Nachfragewerte) nötig sind. Damit lassen sich auf diesem Weg Entscheidungsprobleme mit größerem Zustandsraum und größerer Genauigkeit in den Resultaten berechnen.

Des weiteren liefert die Untersuchung des Modells mit Korrelation durch die Wertiteration auch ein Näherungsverfahren zur Bestimmung der Rückkehrpunkte $\tau(R)$ und $\zeta(R)$ für nicht zu großen Korrelationsfaktor a.
Für "kleines" a soll folgende Näherung benutzt werden

$$(3.78)\quad \psi(r-a^2\cdot R) \approx \psi(r)$$

Setzt man diese Näherung in die Funktionalgleichungen (3.68) ein, so erhält man

$$(3.79)\quad f_k(x,R) = \frac{1}{k}\cdot\min_y\{P(y-x)+L(y)+(k-1)\cdot\int_{-\infty}^{\infty} f_{k-1}(y-r,\frac{r+aR}{1+a})\psi(r)dr\}$$

für $k = 1,2,...$

Wegen der Startfunktion

$$(3.80)\quad f_o(x,R) = f_o(x) = 0$$

sind auch die weiteren Funktionen nicht mehr von R abhängig.

Definiert man

$$(3.81)\quad h_k(y) := L(y)+(k-1)\cdot\int_{-\infty}^{\infty} f_{k-1}(y-r)\psi(r)dr$$

für $k = 1,2,...$

dann gilt für die Funktionalgleichungen aus (3.79)

$$(3.82)\quad f_k(x,R) = f_k(x) = \frac{1}{k}\cdot\min_y\{P(y-x)+h_k(y)\} \quad \text{für } k = 1,2,...$$

Diese eindimensionalen Funktionalgleichungen sind bis auf die benutzte Nachfrageverteilung identisch mit den in (3.3) für das unkorrelierte Modell aufgestellten Gleichungen. Statt der ursprünglichen Dichtefunktion $\phi(r)$ wird hier außer bei den Lagerkosten L(y) die Dichtefunktion mit (1+a)-facher Streuung $\psi(r)$ benutzt.
Die Funktionalgleichungen (3.82) führen auf Rückkehrpunkte τ_k und ζ_k, die unabhängig von der zuletzt realisierten Nachfrage sind. Sie lassen sich völlig analog zum unkorrelierten Fall bestimmen. Für die Bestimmungsfunktion $h_k'(y)$ gilt analog (3.16):

$$(3.83)\quad h'_k(y) = L'(y) - p[1-\Psi(y-\tau_{k-1})] + q\cdot\Psi(y-\zeta_{k-1}) + \int_{y-\tau_{k-1}}^{y-\zeta_{k-1}} h'_{k-1}(y-r)\psi(r)\,dr \qquad \text{für } k = 2,3,\ldots$$

$$h'_1(y) = L'(y)$$

$$\text{mit } \Psi(y) = \int_{-\infty}^{y} \psi(r)\,dr$$

Die Rückkehrpunkte ergeben sich gemäß (3.13) aus

$$(3.84)\quad h'_k(\tau_k) = -p \qquad \text{und} \qquad h'_k(\zeta_k) = q \qquad \text{für } k = 1,2,\ldots$$

Somit lassen sich analog zum Iterationsverfahren in Kap. 3.1.2.3. die Grenzwerte $\tau = \lim_{k\to\infty} \tau_k$ und $\zeta = \lim_{k\to\infty} \zeta_k$ numerisch bestimmen.

Nach (3.77) gilt dann näherungsweise für die optimale Politik

$$(3.85)\quad Y^*(x_k, r_{k-1}) \simeq \begin{cases} t(r_{k-1}) = \tau + a\cdot r_{k-1} & \text{für} \quad x_k < t(r_{k-1}) \\ x_k & \quad t(r_{k-1}) \le x_k \le z(r_{k-1}) \\ z(r_{k-1}) = \zeta + a\cdot r_{k-1} & \quad x_k > z(r_{k-1}) \end{cases}$$

Für a = o erhält man exakt das Ergebnis aus dem unkorrelierten Modell. Ist die Korrelation nur schwach oder ist die letzte Nachfrage nahe bei Null, dann dürfte (3.85) noch eine gute Approximation für die optimale Politik bilden. Die zugehörigen Kosten lassen sich durch Diskretisierung und Ermittlung der stationären Grenzverteilung für Politik (3.85) berechnen.

Damit sind einige mögliche Lösungswege zur Bestimmung der optimalen Politik und minimalen Kosten im Modell mit korrelierter Nachfrage angedeutet worden.

4. Lösungsverfahren mit Anwendung linearer Entscheidungsregeln

Bei der Bestimmung der optimalen Politik für die in Kap. 2. vorgegebene Klasse von Produktions-Lagerhaltungs-Modellen zeigt sich, daß diese Politik je nach Kosten- und Nachfragetyp des Modells eine (t,z)-, (t,T,Z,z)- oder (t(R),z(R))-Struktur besitzt. Bei den Lösungsverfahren, die mit linearen Entscheidungsregeln arbeiten, ist die Struktur der stationären Politik (2.4) auf eine in den Zustandsgrößen lineare Entscheidungsfunktion beschränkt:

$$(4.1) \quad u_k = U_L(x_k, x_{k-1}, \ldots) = \sum_{j=o}^{\infty} g_j \cdot (x_{k-j} - \mu)$$

Hier können nur noch die Parameter der linearen Entscheidungsregel ($\{g_j\}$ und μ), aber nicht mehr die Struktur der Politik an unterschiedliche Kosten- und Nachfrageverhältnisse angepaßt werden. Die lineare Steuerung des Produktions-Lagerhaltungsprozesses schränkt zwar die zulässigen Entscheidungsmöglichkeiten sehr stark ein, führt aber auf ein wesentlich einfacheres Lösungsverfahren als die Suche nach der gesamtoptimalen Politik.

4.1. Das Verfahren der Bestimmung der optimalen linearen Politik bei nichtquadratischem Kriterium (LNQ-Verfahren)

Durch die Zurückführung auf ein linear-quadratisches Entscheidungsproblem ist es möglich, im Fall unkorrelierter wie im Fall autokorrelierter Nachfrage die optimalen Parameter der linearen Politik ohne großen numerischen Aufwand zu bestimmen.

4.1.1. Der allgemeine Ansatz des LNQ-Verfahrens

Die nicht-quadratischen Kostenverläufe (2.6) bis (2.8) und die lineare Lagerbilanzgleichung (2.5) bilden zusammen mit der linearen Entscheidungsfunktion (4.1) ein dynamisches linear-nichtquadratrisches Modell. Ein allgemeines Verfahren zur Bestimmung der optimalen linearen Politik in einem solchen Modell (LNQ-Verfahren) wurde von SCHNEEWEISS [29] entwickelt und sowohl auf den Fall unkorrelierter [31] als auch auf den Fall exponentiell autokorrelierter Nachfrage [33] angewandt. Die Grundzüge dieses Verfahrens sollen im folgenden kurz dargestellt werden.

Die optimale lineare Politik erhält man, indem man den Parameter μ und die Folge der Gewichtungsfaktoren $\{g_j\}$ in (4.1) so festlegt, daß die Durchschnittskosten (2.9), die bei dieser linearen Politik entstehen, minimiert werden. Diese Kosten lassen sich über die stationären Grenzverteilungen des Lagers und der Produktionsänderung als Funktion der Parameter der linearen Politik angeben. Wegen der Linearität der Systemgleichungen (4.1) und (2.5) und wegen der Stationärität und Gaußeigenschaft des Nachfrageprozesses (sowohl im unkorrelierten als auch im korrelierten Fall) bilden die Folgen der Zustands- und Entscheidungsvariablen $\{x_k\}$ und $\{u_k\}$ ebenfalls stationäre Gaußprozesse.[1] Für die Dichtefunktionen der Grenzverteilungen gilt somit

(4.2)
$$\phi_x(x) = \frac{1}{\sqrt{2\pi}\cdot\sigma_x}\cdot\exp\{-\frac{1}{2\sigma_x^2}(x-\mu_x)^2\}$$

$$\phi_u(u) = \frac{1}{\sqrt{2\pi}\cdot\sigma_u}\cdot\exp\{-\frac{1}{2\sigma_u^2}(u-\mu_u)^2\}$$

μ_x und μ_u sind die Mittelwerte, σ_x^2 und σ_u^2 die Varianzen dieser Verteilungen. Mit den Kostenfunktionen (2.6) und (2.8) lassen

---

1) Dabei wird vorausgesetzt, daß die Gewichtsfolge $\{g_j\}$ solchen Stabilitätsbedingungen genügt, die die Existenz stationärer Lager- und Produktionsverteilungen garantieren.

sich dann die erwarteten Lagerkosten $\Lambda(\mu_x, \sigma_x^2)$ und Produktionsänderungskosten $\Pi(\mu_u, \sigma_u^2)$ für eine Periode im stationären Fall angeben (vgl. [29], S, 180 ff.):[1]

$$(4.3) \qquad \Lambda(\mu_x,\sigma_x^2) = \int_{-\infty}^{\infty} I(x)\cdot\phi_x(x)\,dx$$

$$= (h+v)\cdot\{\mu_x\cdot\Phi_s(\frac{\mu_x}{\sigma_x}) + \sigma_x\cdot\phi_s(\frac{\mu_x}{\sigma_x})\} - v\cdot\mu_x$$

$$(4.4) \qquad \Pi(\mu_u,\sigma_u^2) = \int_{-\infty}^{\infty} B(u)\cdot\phi_u(u)\,du$$

$$= (p+q)\{\mu_u\cdot\Phi_s(\frac{\mu_u}{\sigma_u}) + \sigma_u\cdot\phi_s(\frac{\mu_u}{\sigma_u})\} - v\cdot\mu_u + \frac{1}{2}\cdot(P+Q)$$ [2]

Das Durchschnittskostenkriterium (2.9) bei Beschränkung auf lineare Politiken läßt sich somit als Funktion der Parameter der Grenzverteilungen darstellen:

$$(4.5) \qquad C_L = C_L(\mu_x,\mu_u,\sigma_x^2,\sigma_u^2) = \Lambda(\mu_x,\sigma_x^2) + \Pi(\mu_u,\sigma_u^2)$$

Die Verteilungsparameter ihrerseits hängen von den Parametern der linearen Politik ab. Diese Abhängigkeit ergibt sich für μ_x und μ_u sofort aus der Stationarität der Modellvariablen und aus der Form der Systemgleichungen. Für den Lagerbestand bei Stationarität gilt: $E\{x_{k+1}^s\} = E\{x_k^s\}$. Aus der Lagerbilanzgleichung folgt: $E\{x_{k+1}^s\} = E\{x_k^s\} + E\{u_k^s\} - E\{r_k^s\}$. Dies zusammen ergibt:

$$(4.6) \qquad \mu_u = E\{u_k^s\} = E\{r_k^s\}$$

---

1) $\Phi_s(.)$ und $\phi_s(.)$ sind Verteilungs- und Dichtefunktion der standardisierten Normalverteilung mit Mittelwert Null und Varianz Eins.

2) Da das LNQ-Verfahren gleichermaßen auf das Modell mit und ohne Fixkosten angewandt werden kann, wurde hier der allgemeine Ansatz mit Fixkosten gewählt.

Der Mittelwert der Produktion entspricht im stationären Fall also gerade dem Mittelwert der Nachfrage. Weil dieser in den Modellannahmen (2.1) und (2.4) mit Null angesetzt wurde, gilt hier

(4.7) $\mu_u = 0$

Setzt man dieses Ergebnis in (4.1) ein, so erhält man

$$E\{u_k^s\} = E\,\{\sum_{j=o}^{\infty} g_j \cdot (x_{k-j}^s - \mu)\} = 0$$

Daraus folgt: $E\{x_{k-j}^s\} = \mu$ für $g_j \neq 0$. Das bedeutet, daß der Parameter μ der linearen Politik gerade dem Mittelwert des stationären Lagers entspricht:

(4.8) $\mu_x = \mu$

Dieser Parameter läßt sich somit als Sicherheitsbestand für das Lager interpretieren. Anders als die Mittelwerte sind die Varianzen σ_x^2 und σ_u^2 Funktionen der Gewichtsfolge $\{g_j\}$. Damit lassen sich die notwendigen Bedingungen zur Minimierung der Kosten C_L in (4.5) aufstellen:

(4.9) $$\frac{\partial C_L}{\partial_\mu} = 0$$

(4,10) $$\delta_g\{C_L\} = \frac{\partial C_L}{\partial \sigma_x^2} \cdot \delta_g\{\sigma_x^2\} + \frac{\partial C_L}{\partial \sigma_u^2} \cdot \delta_g\{\sigma_u^2\} = 0$$

Hierbei ist $\delta\,\{\cdot\}$ die erste Variation bezüglich $\{g_j\}$. Definiert man an der Stelle der optimalen Gewichtsfolge $\{g_j^*\}$ den

Quotienten

$$(4.11) \quad \Theta = \frac{\dfrac{\partial C_L}{\partial \sigma_u^2}}{\dfrac{\partial C_L}{\partial \sigma_x^2}} \Bigg|_{g^*}$$

so kann (4.10) unter der ökonomisch sinnvollen Annahme $\frac{\partial C_L}{\partial \sigma_x^2} > 0$ folgendermaßen geschrieben werden:

$$(4.12) \qquad \delta_g\{\sigma_x^2\} + \Theta \cdot \delta_g \cdot \{\sigma_u^2\} = 0$$

Betrachtet man einmal Θ als festen Parameter, so läßt sich (4.12) auch als Optimalitätsbedingung eines quadratischen Optimierungsproblems mit dem bekannten Varianzkriterium

$$(4.13) \qquad C_Q = \sigma_x^2 + \Theta \cdot \sigma_u^2 \Rightarrow \min$$

interpretieren. Somit läßt sich das linear-nichtquadratische Entscheidungsproblem in ein quadratisches dynamisches (Kriterium (4.13)) und ein statisches Problem (Bestimmung des optimalen μ und Θ) zerlegen. Für das quadratische Problem existieren die THEIL'schen dynamischen Sicherheitsäquivalente. Hier läßt sich also die stochastische Nachfrage durch ihre bedingten Erwartungswerte ersetzen, so daß eine deterministische dynamische Optimierung möglich ist.
Andere Wege zur Lösung des quadratischen dynamischen Problems bieten die Wiener-Filtertheorie und die Wertiteration des DP (vgl. [30]). Als Ergebnis erhält man jeweils die Form der Politik und die (für das quadratische Problem optimalen) Varianzen in Abhängigkeit vom Koeffizienten Θ :

$$(4.14) \qquad \sigma_x^2 = \sigma_x^2(\Theta) \text{ und } \sigma_u^2 = \sigma_u^2(\Theta)$$

(4.10) läßt sich mit (4.12) umformen zu

$$(4.15) \qquad \Theta \cdot \frac{\partial C_L}{\partial \sigma_x^2} - \frac{\partial C_L}{\partial \sigma_u^2} = 0$$

Damit bilden (4.9) und (4.15) zwei Bestimmungsgleichungen für die beiden Unbekannten Θ und μ. Die Form dieser Gleichungen richtet sich nach den vorliegenden Kostenfunktionen.

Die Lagerkosten sind in (4.3) gegeben, wobei nach (4.8) $\mu_x = \mu$ eingesetzt werden kann. Durch das Ergebnis in (4.7) $\mu_u = 0$ vereinfachen sich die Produktionsänderungskosten in (4.4) zu

$$(4.16) \qquad \Pi(\sigma_u^2) = \frac{p+q}{\sqrt{2\pi}} \cdot \sigma_u + \frac{1}{2} \cdot (P+Q)$$

Damit liefert die Differentiation der Durchschnittskosten C_L aus (4.5) folgende Ergebnisse:

$$(4.17) \qquad \frac{\partial C_L}{\partial_\mu} = (h+v) \cdot \Phi_s(\frac{\mu}{\sigma_x}) - v$$

$$(4.18) \qquad \frac{\partial C_L}{\partial \sigma_x^2} = \frac{h+v}{2 \cdot \sigma_x} \cdot \phi_s(\frac{\mu}{\sigma_x})$$

$$(4.19) \qquad \frac{\partial C_L}{\partial \sigma_u^2} = \frac{p+q}{2 \cdot \sigma_u} \cdot \frac{1}{\sqrt{2\pi}}$$

Definiert man zur Abkürzung

$$(4.20) \qquad \alpha := \exp\{-\frac{1}{2} \cdot \Phi_s^{-1}(\frac{v}{h+v})\} \text{ und } \beta := \frac{p+q}{h+v}$$

und berücksichtigt man die funktionale Abhängigkeit aus (4.14), dann ergeben (4.9) und (4.15) folgende Bestimmungsgleichungen für die optimalen Werte von μ und Θ:

$$(4.21)\quad \mu = \sigma_x(\Theta)\cdot\Phi_s^{-1}\left(\frac{v}{h+v}\right)$$

$$(4.22)\quad \Theta = \frac{\beta}{\alpha}\cdot\frac{\sigma_x(\Theta)}{\sigma_u(\Theta)}$$

4.1.2. Die LNQ-Politik bei unkorrelierter Nachfrage

4.1.2.1. Die LNQ-Politik für mittlere Nachfrage von Null

Um die Varianzfunktionen (4.14) zu spezifizieren, muß man das reduzierte quadratische Problem (4.13) für unkorrelierte Nachfrage lösen. Die Ergebnisse der quadratischen Optimierung und die Lösung des anschließenden statischen Optimierungsproblems zur Bestimmung von μ^* und Θ^* sind ausführlich in [31] beschrieben. Sie ergeben sich auch als Spezialfall ($a = 0$) bei der Untersuchung des Modells mit korrelierter Nachfrage, die in Kap. 4.1.3. dargestellt ist.

Für den unkorrelierten Fall läßt sich auch ein einfacherer direkter Lösungsweg verfolgen, der ohne die Behandlung des quadratischen Problems auskommt. Dieser Lösungsansatz soll im folgenden dargestellt werden.

Wie schon in Kap. 3 erläutert wurde, läßt sich bei unkorrelierter Nachfrage der Zustand des Systems vor der Produktionsänderungsentscheidung in jeder Periode k durch den Anfangslagerbestand x_k hinreichend beschreiben. Damit braucht man die optimale lineare Politik nur vom zuletzt beobachteten Lagerbestand abhängen zu lassen. Es ist also zulässig, im unkorrelierten Fall die Elemente der Gewichtsfolge $\{g_j\}$ in der linearen Entscheidungsfunktion (4.1) bis auf das erste Element g_o gleich Null zu setzen, ohne die optimale Politik zu beschränken. Ersetzt man g_o durch die Größe κ, so erhält man die lineare Entscheidungsregel bei unkorrelierter Nachfrage:

(4.23) $$u_k = U_L(x_k) = \kappa \cdot (x_k - \mu) \quad \text{mit} \quad -1 \leq \kappa < 0$$

Diese Form der Politik führt zu folgender Regel für die Produktionssteuerung: Wenn der Lagerbestand zu Beginn einer Periode von einem gewissen Sicherheitsbestand μ abweicht, dann reagiere man darauf, indem man einen gewissen Prozentsatz dieser Abweichung ($\kappa \cdot 100\%$) durch eine entsprechende Produktionsänderung kompensiert, um das Lager wieder näher an den Sicherheitsbestand heranzubringen. Der Kompensationskoeffizient κ muß immer einen negativen Wert annehmen, weil Abweichungen vom Sicherheitsbestand gerade eine entgegengesetzte Produktionsänderungsentscheidung notwendig machen.
Die lineare Politik hat folgende graphische Form:

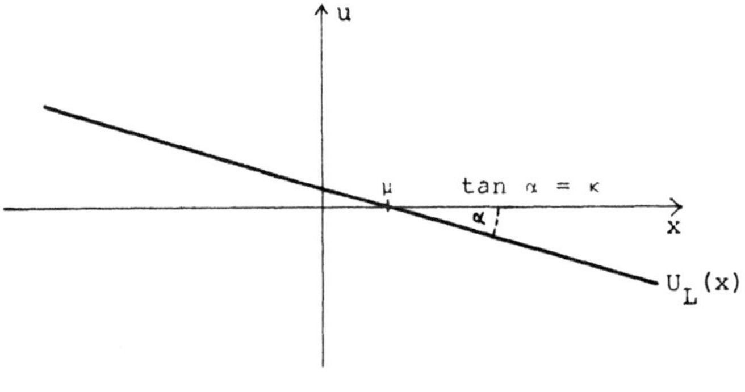

Die beiden Parameter der linearen Politik (κ und μ) beeinflussen über die Lagerbilanzgleichung (2.5) die Folge der Lagerbestände $\{x_k\}$:

(4.24) $$x_k = x_{k-1} + \kappa \cdot (x_{k-1} - \mu) - r_{k-1}$$

Durch unendlichfache Substitution von $x_{k-1}, x_{k-2}, \ldots$ gemäß (4.24) erhält man die Abhängigkeit des Lagerbestandes im stationären Fall (x_k^s) von allen vorherigen Nachfragewerten und den Parametern der linearen Politik:

$$(4.25) \qquad x_k^s = - \sum_{j=o}^{\infty} (\kappa+1)^j \cdot r_{k-j-1} + \mu$$

Durch Einsetzen in (4.23) ergibt sich der entsprechende Ausdruck für die Produktionsänderung:

$$(4.26) \qquad u_k^s = - \kappa \cdot \sum_{j=o}^{\infty} (\kappa+1)^j \cdot r_{k-j-1}$$

Aus (4.25) und (4.26) läßt sich der Zusammenhang zwischen allen Parametern der stationären Grenzverteilungen ($\mu_x, \mu_u, {\sigma_x}^2, {\sigma_u}^2$) und den Politik-Parametern κ und μ explizit darstellen. Wegen $E\{r_k\} = 0 \; \forall k$ aus (2.1) gilt für die Mittelwerte:

$\mu_x = E\{x_k^s\} = \mu$ und $\mu_u = E\{u_k^s\} = 0$. Diese Ergebnisse sind auch schon in (4.7) und (4.8) allgemein abgeleitet worden.
Wegen der Unabhängigkeit der Nachfrage gilt

$$E\{r_k \cdot r_{k+i}\} = \begin{cases} \sigma^2 & \text{für } i=0 \\ 0 & \text{für } i\neq 0 \end{cases}$$

Zusammen mit $0 \leq \kappa+1 < 1$ folgt dann für die Varianzen:

$$(4.27) \qquad \sigma_x^2 = E\{(x_k^s - \mu_x)^2\} = - \frac{1}{\kappa \cdot (\kappa+2)} \cdot \sigma^2$$

$$(4.28) \qquad \sigma_u^2 = E\{(u_k^s - \mu_u)^2\} = - \frac{\kappa}{\kappa+2} \cdot \sigma^2$$

Somit sind die Durchschnittskosten C_L aus (4.5) eine Funktion der Parameter κ und μ

(4.29) $$C_L = C_L(\kappa,\mu)$$

Die optimalen Parameter erhält man durch Differentiation nach κ und μ. Statt der Optimalitätsbedingung (4.10) gilt hier:

(4.30) $$\frac{\partial C_L}{\partial \kappa} = \frac{\partial C_L}{\partial \sigma_x^2} \cdot \frac{d\sigma_x^2}{d\kappa} + \frac{\partial C_L}{\partial \sigma_u^2} \cdot \frac{d\sigma_u^2}{d\kappa} = 0$$

Die Ableitungen von (4.27) und (4.28) lauten:

(4.31) $$\frac{d\sigma_x^2}{d\kappa} = \frac{2\cdot(\kappa+1)}{\kappa^2\cdot(\kappa+2)^2} \cdot \sigma^2$$

(4.32) $$\frac{d\sigma_u^2}{d\kappa} = -\frac{2}{(\kappa+2)^2} \cdot \sigma^2$$

Setzt man dies zusammen mit (4.18) und (4.19) in (4.30) ein, so erhält man eine Bestimmungsgleichung für κ und μ:

(4.33) $$\frac{\kappa+1}{\kappa^2} \cdot \frac{\sigma_u}{\sigma_x} \cdot \sqrt{2\pi} \cdot \phi_s\left(\frac{\mu}{\sigma_x}\right) - \frac{p+q}{h+v} = 0$$

Aus (4.27) und (4.28) folgt

(4.34) $$\frac{\sigma_u}{\sigma_x} = \sqrt{\frac{\sigma_u^2}{\sigma_x^2}} = \sqrt{\kappa^2} = -\kappa$$ [1]

Die Optimalitätsbedingung (4.9) ergibt wegen (4.17)

(4.35) $$\frac{\mu}{\sigma_x} = \Phi_s^{-1}\left(\frac{v}{h+v}\right)$$

---

1) Es muß hier die negative Wurzel gewählt werden, weil κ negativ ist und weil das Verhältnis von zwei Standardabweichungen σ_u/σ_x immer positiv sein muß.

Setzt man (4.34) und (4.35) in (4.33) ein und benutzt die Definitionen aus (4.20), dann erhält man die Bestimmungsgleichung für das optimale κ^* :

$$(4.36) \qquad \frac{\kappa^*+1}{\kappa^*} + \frac{\beta}{\alpha} = 0$$

Die Lösung dieser Gleichung führt auf

$$(4.37) \qquad \kappa^* = -\frac{\alpha}{\alpha+\beta}$$

Es zeigt sich, daß die Bedingung $-1\leq\kappa<0$ im Optimum immer eingehalten wird. Setzt man dieses Ergebnis in die Varianzfunktionen (4.27) und (4.28) ein, dann erhält man

$$(4.38) \qquad \sigma_x^{*2} = \frac{(\alpha+\beta)^2}{\alpha(\alpha+2\beta)} \cdot \sigma^2$$

und

$$(4.39) \qquad \sigma_u^{*2} = \frac{\alpha}{\alpha+2\beta} \cdot \sigma^2$$

Der optimale Sicherheitsbestand ergibt sich aus (4.35)

$$(4.40) \qquad \mu^* = \sigma_x^* \cdot \Phi_s^{-1}\left(\frac{v}{h+v}\right)$$

Die optimale lineare Politik lautet also

$$(4.41) \qquad U_L^*(x_k) = \kappa^* \cdot (x_k-\mu^*)$$

Die Kosten, die bei dieser Politik entstehen, erhält man durch Einsetzen von (4.38) bis (4.40) in (4.5) :

$$(4.42) \qquad C_L^* = (h+v) \cdot \sigma \cdot \sqrt{\frac{\alpha \cdot (\alpha+2\beta)}{2\pi}} + \frac{1}{2} \cdot (P+Q)$$

4.1.2.2. Die LNQ-Politik für beliebigen Nachfragemittelwert

Die in Kap. 2 beschriebene Klasse von Produktions-Lagerhaltungs-Modellen (PLM) ist durch einen stationären Nachfrageprozeß gekennzeichnet, der den Mittelwert Null besitzt. Die empirischen Untersuchung von Saldenprozessen in Kassenhaltungsproblemen (vgl. HEIL [12] und LENZ [21]) führt allerdings zu dem Ergebnis, daß dieser Mittelwert durchaus von Null abweichen kann:

$$(4.43) \qquad E\{r_k\} = \mu_r \qquad \text{mit} \quad -\infty < \mu_r < +\infty$$

Mit dieser Situation hat man es auch bei der Anwendung des LNQ-Verfahrens auf echte Lagerhaltungsprobleme zu tun. Wenn auch diese Nachfragestruktur beim Vergleich der verschiedenen Lösungsverfahren für das PLM nicht weiter untersucht werden soll, weil sie keine relevanten zusätzlichen Erkenntnisse erwarten läßt, so soll hier dennoch die optimale lineare Politik für diesen Fall ($\mu_r \neq 0$)hergeleitet werden. Zum einen beruht diese Untersuchung auf einer einfachen Erweiterung der im vorhergehenden Kapitel geschilderten direkten Methode und zum anderen soll gezeigt werden, daß es für den Fall $\mu_r \neq 0$ nicht ausreicht, die LNQ-Politik aus (4.41) einfach um den Mittelwert der Nachfrage zu verschieben, wie es in [12] geschehen ist:

$$(4.44) \qquad u_k = \kappa^* \cdot (x_k - \mu^*) + \mu_r$$

Denn es stellt sich heraus, daß auch die optimalen Parameter κ^* und μ^* vom Mittelwert μ_r abhängen.

Auch für $\mu_r \neq 0$ lassen sich die Gleichungen (4.25) und (4.26) für Lager und Produktionsänderung im stationären Fall leicht auswerten. Hier muß neben (4.43) nur noch berücksichtigt werden, daß für den unkorrelierten Fall gilt:

$$E\{r_k \cdot r_{k+i}\} = \begin{cases} \sigma^2 + \mu_r^2 & \text{für } i = 0 \\ \mu_r^2 & \text{für } i \neq 0 \end{cases}$$

Für die Mittelwerte erhält man dann

(4.45) $$\mu_x = E\{x_k^s\} = \frac{1}{\kappa} \cdot \mu_r + \mu$$ und

(4.46) $$\mu_u = E\{u_k^s\} = \mu_r$$

(4.46) ist eine Bestätigung des Ergebnisses aus (4.6). (4.45) zeigt, daß für $\mu_r \neq 0$ der Sicherheitsbestand μ nicht mit dem Durchschnittslagerbestand zusammenfällt. Für die Varianzen σ_x^2 und σ_u^2 erhält man hier dasselbe Ergebnis wie in (4.27) und (4.28).

Wegen der Abhängigkeit des mittleren Lagerbestandes in (4.45) von κ und μ haben die notwendigen Optimalitätsbedingungen zur Minimierung der Kosten C_L in (4.29) hier folgende Form:

(4.47) $$\frac{\partial C_L}{\partial \mu} = \frac{\partial C_L}{\partial \mu_x} \cdot \frac{\partial \mu_x}{\partial \mu} = 0$$

(4.48) $$\frac{\partial C_L}{\partial \kappa} = \frac{\partial C_L}{\partial \mu_x} \cdot \frac{\partial \mu}{\partial \kappa} + \frac{\partial C_L}{\partial \sigma_x^2} \cdot \frac{d\sigma_x^2}{d\kappa} + \frac{\partial C_L}{\partial \sigma_u^2} \cdot \frac{d\sigma_u^2}{d\kappa} = 0$$

Aus (4.45) folgt: $\partial \mu_x / \partial \mu = 1$. Analog zu (4.17) ergibt sich dann für (4.47) :

(4.49) $$\frac{\partial C_L}{\partial \mu} = \frac{\partial C_L}{\partial \mu_x} = (h+v) \cdot \Phi_s\left(\frac{\mu_x}{\sigma_x}\right) - v = 0$$

Damit verschwindet auch der erste Summand auf der rechten Seite der Gleichung (4.48). Für $\partial C_L / \partial \sigma_x^2$, $\partial \sigma_x^2 / \partial \kappa$ und $\partial \sigma_u^2 / \partial \kappa$ gelten weiter die in (4.18), (4.31) und (4.32) angegebenen Formeln. Für $\partial C_L / \partial \sigma_u^2$ erhält man wegen $\mu_u \neq 0$ aus (4.4) :

(4.50) $$\frac{\partial C_L}{\partial \sigma_u^2} = \frac{p+q}{2 \cdot \sigma_u} \cdot \phi_s\left(\frac{\mu_u}{\sigma_u}\right)$$

Damit ergibt sich aus (4.48) analog zu (4.33)

(4.51) $$\frac{\kappa+1}{\kappa} \cdot \frac{\sigma_u}{\sigma_x} \cdot \phi_s\left(\frac{\mu_x}{\sigma_x}\right) - \frac{p+q}{h+v} \cdot \phi_s\left(\frac{\mu_u}{\sigma_u}\right) = 0$$

Unter Berücksichtigung der Beziehung für μ_x/σ_x aus (4.49) und des Wertes für σ_u/σ_x aus (4.34) ergibt sich dann mit den Definitionen aus (4.20) folgende Bestimmungsgleichung für das optimale κ :

(4.52) $$\frac{\kappa+1}{\kappa} + \frac{\beta}{\alpha} \cdot \exp\left\{-\frac{1}{2} \cdot \frac{\mu_u^2}{\sigma_u^2}\right\} = 0$$

Aus (4.46) und (4.28) folgt:

$$\frac{\mu_u^2}{\sigma_u^2} = \frac{\mu_r^2}{\frac{-\kappa}{\kappa+2} \cdot \sigma^2} = -\frac{\kappa+2}{\kappa}\left(\frac{\mu_r}{\sigma}\right)^2$$

Damit läßt sich κ^* als Nullstelle der folgenden Funktion bestimmen:

(4.53) $$\Xi(\kappa^*) = \frac{\kappa^*+1}{\kappa^*} + \frac{\beta}{\alpha} \cdot \exp\left\{\frac{\kappa^*+2}{2\kappa^*}\left(\frac{\mu_r}{\sigma}\right)^2\right\} = 0$$

Für $\mu_r = 0$ ergibt sich hieraus als Sonderfall die Bestimmungsgleichung (4.36). Es läßt sich zeigen, daß die Funktion $\Xi(\kappa^*)$ immer eine eindeutige Nullstelle im Bereich $-1 \leq \kappa^* < 0$ besitzen muß.

Der optimale Kompensationskoeffizient hängt nach (4.53) also auch vom Nachfragemittelwert ab: $\kappa^* = \kappa^*(\mu_r)$. Über (4.27) läßt sich hiermit die optimale Varianz $\sigma_x^{*2}(\mu_r)$ und über (4.49) der optimale Mittelwert $\mu_x^*(\mu_r) = \sigma_x^*(\mu_r) \cdot \Phi_s^{-1}(\frac{v}{h+v})$ ermitteln. Der optimale Sicherheitsbestand μ^* ergibt sich schließlich aus (4.45)

(4.54) $$\mu^*(\mu_r) = \mu_x^*(\mu_r) - \frac{1}{\kappa^*(\mu_r)} \cdot \mu$$

Das führt nach (4.23) zur optimalen Politik

(4.55) $$u_k = \kappa^*(\mu_r) \cdot \{x_k - \mu^*(\mu_r)\} + \mu_r$$

Dies zeigt: Die Struktur der Politik in (4.44) ist zwar richtig, aber die Parameter der linearen Politik hängen zusätzlich von μ_r ab und unterscheiden sich um so mehr von den Parametern aus (4.37) und (4.40), je größer der Quotient μ_r/σ ist.

4.1.2.3. Sensitivitätsanalyse

Die Untersuchung der optimalen linearen Politik im Modell mit und ohne Fixkosten bei $\mu_r = 0$ läßt erkennen, daß die Politikparameter κ^* und μ^* und die minimalen Kosten C_L^* von folgenden Modellparametern abhängen:

(4.56) $$\kappa^* = \kappa^*(h,v,p,q) \quad ; \quad \mu^* = \mu^*(h,v,p,q,\sigma)$$
$$C_L^* = C_L^*(h,v,p,q,P,Q,\sigma)$$

Die Form dieser Abhängigkeiten kann wegen der vorliegenden analytischen Ergebnisse (4.37) bis (4.42) auch ohne dimensionsanalytische Überlegungen festgestellt werden.[1)]

<1> Eine proportionale Änderung aller Kostenparameter h,v,p,q,P,Q um denselben Faktor λ führt zu einer ent-

---

1) Der Ergänzung halber: κ^* ist eine dimensionslose Größe, μ^* hat die Dimension ME und C_L^* natürlich die Dimension GE.

sprechenden Änderung der Kosten, während die Politikparameter nicht beeinflußt werden.

$$C_L^*(\lambda\cdot h,\lambda\cdot v,\lambda\cdot p,\lambda\cdot q,\lambda\cdot P,\lambda\cdot Q,\sigma) = \lambda\cdot C_L^*(h,v,p,q,P,Q,\sigma)$$

$$\kappa^*(\lambda\cdot h,\lambda\cdot v,\lambda\cdot p,\lambda\cdot q) = \kappa^*(h,v,p,q)$$

$$\mu^*(\lambda\cdot h,\lambda\cdot v,\lambda\cdot p,\lambda\cdot q,\sigma) = \mu^*(h,v,p,q,\sigma)$$

<2> Eine proportionale Änderung der Nachfragestreuung σ und der Fixkostenparameter P,Q um denselben Faktor λ bewirkt eine entsprechende Änderung der Kosten und des Sicherheitsbestandes, während der Kompensationskoeffizient unverändert bleibt:

$$C_L^*(h,v,p,q,\lambda\cdot P,\lambda\cdot Q,\lambda\cdot\sigma) = \lambda\cdot C_L^*(h,v,p,q,P,Q,\sigma)$$

$$\mu^*(h,v,p,q,\lambda\cdot\sigma) = \lambda\cdot\mu^*(h,v,p,q,\sigma)$$

$\kappa^*(h,v,p,q)$ ist unabhängig von P,Q und σ.

Aus <1> und <2> folgt der

SATZ (4.1) :

Auch im LNQ-Modell gilt der Satz (3.8) bzw. für P=Q=0 der Satz (3.5) über die Standardisierung der Modellparameter.

Durch Differentiation erhält man die Abhängigkeiten von einzelnen Kostenparametern: [1)]

1) Zur genauen Form der Differentiationsergebnisse siehe INDERFURTH [17].

<3> Steigende Lagerkosten führen zu einer stärkeren Kompensation und zu einem niedrigeren Sicherheitsbestand:

$$\frac{\partial \kappa^*}{\partial h} < 0 \qquad \text{und} \qquad \frac{\partial \mu^*}{\partial h} < 0$$

<4> Wachsende Fehlmengenkosten führen zu einer stärkeren Kompensation und Vergrößerung des Sicherheitsbestandes

$$\frac{\partial \kappa^*}{\partial v} < 0 \qquad \text{und} \qquad \frac{\partial \mu^*}{\partial v} > 0$$

<5> Steigende proportionale Produktionsänderungskosten bewirken eine geringere Kompensation von Lagerabweichungen und führen zu einer Vergrößerung des Absolutwertes des Sicherheitsbestandes:

$$\frac{\partial \kappa^*}{\partial p} = \frac{\partial \kappa^*}{\partial q} > 0 \qquad \text{und} \qquad \frac{\partial |\mu^*|}{\partial p} = \frac{\partial |\mu^*|}{\partial q} \geq 0$$

<6> Die Fixkosten der Produktionsänderung haben keinen Einfluß auf die Parameter der optimalen linearen Politik:

$$\frac{\partial \kappa^*}{\partial P} = \frac{\partial \kappa^*}{\partial Q} = 0 \qquad \text{und} \qquad \frac{\partial \mu^*}{\partial P} = \frac{\partial \mu^*}{\partial Q} = 0$$

<7> Die Vergrößerung einzelner Kostenparameter oder der Nachfragestreuung führt zu einer unterproportionalen Erhöhung der Durchschnittskosten.

Für bestimmte Kostenverhältnisse ergeben sich für die LNQ-Politik einige interessante Sonderfälle.
Bei <u>Symmetrie der Lagerhaltungskosten (h=v)</u> folgt aus (4.40): $\mu^* = 0$. Hier ist also der optimale Sicherheitsbestand gerade Null. Die LNQ-Politik ist ebenso wie die gesamtoptimale (t,z)- oder

(t,T,Z,z)-Politik symmetrisch zum Nullpunkt.
Wenn keine proportionalen Produktionsänderungskosten vorhanden sind (p=q=0), gilt wegen $\beta=0$ in (4.20) für (4.37) $\kappa^*=-1$ und für (4.38) $\sigma_x^* = \sigma$. Aus (4.40) folgt schließlich $\mu^* = \sigma\cdot\Phi_s^{-1}(\frac{v}{h+v}) = \Phi^{-1}(\frac{v}{h+v})$. Die LNQ-Politik erfordert also eine vollständige Kompensation der Abweichung des Lagers vom Durchschnittsbestand $\Phi^{-1}(\frac{v}{h+v})$. Ein Vergleich mit Kap. 3.1.2.3. zeigt, daß diese Politik identisch ist mit der (t,z)-Politik im Grundmodell für p=q=0.

4.1.3. Die LNQ-Politik bei exponentiell korrelierter Nachfrage

Eine Analyse des reduzierten quadratischen Problems aus (4.13) mit Hilfe der Wiener-Theorie und Wertiteration des DP wurde von SCHNEEWEISS [33] auch für den Fall der exponentiell korrelierten Nachfrage aus (2.4) durchgeführt. Als Ergebnis erhält man die C_Q-optimale Politik und die stationären Varianzen in Abhängigkeit von dem in (4.11) definierten Quotienten Θ. Für die Politik gilt:

(4.57) $$u_k = U_L(x_k,\Theta) = \kappa(\Theta)\cdot\{x_k-\sum_{i=o}^{\infty}[\kappa(\Theta)+1]^i\cdot\hat{r}_{k+i}(k-1)\}$$

mit

(4.58) $$\kappa(\Theta) = \frac{1-\sqrt{1+4\Theta}}{2\Theta}$$

Wegen $\Theta>0$ gilt: $-1\leq\kappa(\Theta)<0$.
$\hat{r}_{k+i}(k-1)$ sind die bedingten Erwartungswerte der Nachfrage für die zukünftigen Perioden:

(4.59) $$\hat{r}_{k+i}(k-1) := E\{r_{k+i}|r_{k-1}\}$$

Die optimale lineare Politik wird also mit Hilfe der in Kap. 1. geschilderten dynamischen Sicherheitsäquivalente gebildet.
Für die Varianzfunktionen aus (4.14) ergibt sich folgende analytische Darstellung, wobei a der Korrelationsfaktor ist:

$$(4.60)\quad \sigma_x^2(\Theta) = \frac{-\sigma^2}{\kappa(\Theta)\cdot(\kappa(\Theta)+2)\cdot(1-a\cdot[\kappa(\Theta)+1])^3\cdot(1+a)}\cdot\{(1-a^2)+ + \kappa(\Theta)\cdot(a-a^2)+\kappa^2(\Theta)\cdot(2a-2a^2)-\kappa^3(\Theta)\cdot 2a^2\}$$

$$(4.61)\quad \sigma_u^2(\Theta) = \frac{-\kappa(\Theta)\cdot\sigma^2}{(\kappa(\Theta)+2)\cdot(1-a\cdot[\kappa(\Theta)+1])^3\cdot(1-a^2)}\cdot\{1-a-a^2+a^3) + + \kappa(\Theta)\cdot(3a^3-3a)+\kappa^2(\Theta)\cdot(a^2+a^3)+\kappa^3(\Theta)\cdot a^3\}$$

Durch Einsetzen in (4.22) läßt sich das optimale Θ^* und damit auch nach (4.58) $\kappa^* = \kappa(\Theta^*)$ ermitteln. Durch Einsetzen von $\sigma_x(\Theta^*)$ in (4.21) ergibt sich μ^*. Für a=0 erhält man gerade die Ergebnisse aus dem unkorrelierten Fall. Die Lösung für die optimalen Parameter läßt sich für $a \neq 0$ nicht mehr in geschlossener Form angeben weil die Berechnungen Θ^* aus (4.22) die Nullstellensuche in einem Polynom 5. Grades erfordert. Mit diesen optimalen Parametern lautet die LNQ-Politik:

$$(4.62)\quad u_k = \kappa^*\cdot\{x_k - \sum_{i=0}^{\infty}(\kappa^*+1)^i\cdot\hat{r}_{k+i}(k-1)-\mu^*\}$$

Diese Politik besagt: Bei exponentiell korrelierter Nachfrage muß die Produktion so gesteuert werden, daß zusätzlich zu der Abweichung des Lagers vom Sicherheitsbestand μ^* (wie im unkorrelierten Fall) auch die Abweichung von der exponentiell fallend gewichteten Summe der Nachfrageprognosen entsprechend κ^* kompensiert wird. κ^* und μ^* hängen hier über a auch von der Stärke der Korrelation ab.

Setzt man in (4.62) für die bedingten Erwartungswerte $\hat{r}_{k+i}(k-1)$ die entsprechenden Ausdrücke für die exponentiell korrelierte Nachfrage aus (2.4) ein, so erhält man die optimale lineare Politik direkt als Funktion des Anfangslagerbestands und der zuletzt realisierten Nachfrage:

$$(4.63) \qquad u_k = U_L^*(x_k, r_{k-1}) = \kappa^* \cdot \{x_k - \frac{a}{1-a(\kappa^*+1)} \cdot r_{k-1} - \mu^*\}$$

Schon in (3.61) ist darauf hingewiesen worden, daß die Entscheidungsfunktion im autokorrelierten Fall gerade von diesen beiden Varablen abhängen muß. Im Gegensatz zur optimalen Politik aus (3.77) ist die LNQ-Politik linear in x_k und r_{k-1}. Sie hat für festes r_{k-1} folgende graphische Form:

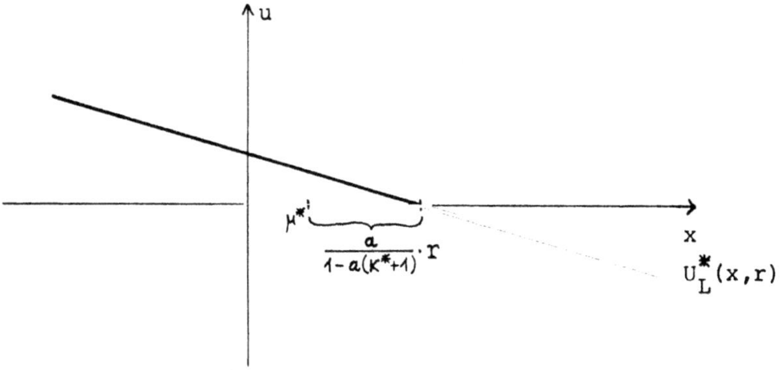

Die erwartete Gesamtnachfrage hat bei exponentiell korrelierter Nachfrage einen endlichen Wert:

$$(4.64) \qquad \sum_{i=o}^{\infty} \hat{r}_{k+i}(k-1) = \sum_{i=1}^{\infty} a^i \cdot r_{k-1} = \frac{a}{1-a} \cdot r_{k-1}$$

Die Form der optimalen Politik in (4.63) läßt erkennen, wegen $0 \leq \kappa^*+1 < 1$ nicht die gesamte erwartete Nachfrage in die Produktionssteuerung mit einbezogen wird. Wieviel der Nachfrage berücksichtigt wird, hängt vom Kompensationskoeffizienten κ^* ab.

Für a=O reduziert sich (4.63) gerade zur optimalen Politik (4.41) aus dem unkorrelierten Fall.
Die Kosten für die lineare Politik (4.63) erhält man, indem man mit θ^* bzw. κ^* die optimalen Varianzen (4.60) und (4.61) bestimmt und diese zusammen mit den Werten $\mu_x=\mu^*$ und $\mu_u=0$ in die Kostenfunktion (4.5) einsetzt:

(4.65) $$C_L^* = C_L(\mu^*, 0, \sigma_x^2(\theta^*), \sigma_u^2(\theta^*))$$

Eine Sensitivitätsanalyse muß sich im korrelierten Fall auf die Ergebnisse numerischer Berechnungen stützen. Die optimalen Lösungsparameter für verschiedene Kostenkombinationen und Korrelationsstärken sind von HEDTSTÜCK [11] berechnet worden. Von dort stammen auch die Werte, die in Anhang IX zu Vergleichszwecken tabelliert sind. Eine Analyse dieser Ergebnisse zeigt, daß die Abhängigkeit der minimalen Kosten C_L^* und der optimalen Politikparameter (κ^* und μ^*) von den einzelnen Kostenparametern dieselbe Form hat wie im unkorrelierten Fall. Die Stärke der Korrelation hat den folgenden Einfluß auf die Lösungsparameter:

<1> Das Ausmaß der Kompensation von Lagerabweichungen nimmt mit wachsender Korrelation zu:

$$a \nearrow \;\Rightarrow\; \kappa^* \searrow$$

<2> Mit steigender Korrelation nimmt der Sicherheitsbestand μ^* (absolut) zu, solange a unter einer von p und q abhängigen Grenze g(p,q) liegt. Bei größerem a nimmt der Sicherheitsbestand ab:

$$a \nearrow \;\Rightarrow\; \begin{array}{ll} |\mu^*| \nearrow & \text{für } a<g(p,q) \\ |\mu^*| \searrow & \text{für } a>g(p,q) \end{array}$$

<3> Mit wachsender Korrelation nimmt das Ausmaß ab, in dem die erwartete Gesamtnachfrage in die Produktionssteuerung

einbezogen wird:

$$a \nearrow \quad \Rightarrow \quad \frac{a}{1-a(\kappa^{*}+1)} \searrow$$

<4> Die minimalen Kosten steigen mit wachsender Korrelation:

$$a \nearrow \quad \Rightarrow \quad C_L^{*} \nearrow$$

4.2. Das Verfahren der quadratischen Approximation der Kosten (HMMS-Verfahren)

4.2.1. Ansatz und Anwendung des HMMS-Verfahrens

Das Verfahren der quadratischen Approximation der Kosten von HOLT, MODIGLIANI, MUTH und SIMON [15] (HMMS-Verfahren) beinhaltet eine andere Form der Anwendung linearer Entscheidungsregeln auf Produktions-LagerhaltungsProbleme. Bei diesem Verfahren werden die tatsächlichen Kostenverläufe (im vorliegenden Modell: Lagerhaltungs- und Produktionsänderungskosten) durch quadratische Funktionen approximiert, und es wird diejenige Politik gesucht, die das entsprechend modifizierte Kostenkriterium minimiert. Die Fälle mit und ohne Fixkosten sowie mit und ohne Nachfragekorrelation lassen sich beim HMMS-Verfahren in einem Ansatz behandeln.
Die quadratische Approximation der Kostenfunktionen aus (2.6) und (2.8) führt auf folgende modifizierte Lager- und Produktionsänderungskosten:

(4.66)
$$\tilde{I}(x) = c_x \cdot (x-b_x)^2 + a_x$$
$$\tilde{B}(u) = c_u \cdot (u-b_u)^2 + a_u$$

Graphisch kann eine solche Approximation folgendermaßen aussehen:

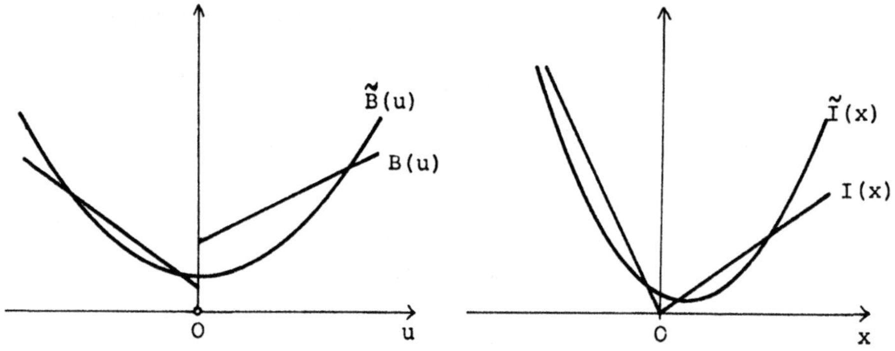

Setzt man diese quadratischen Kostenfunktionen in die Zielfunktion (2.9) ein, so erhält man ein modifiziertes Kostenkriterium, das quadratisch in den Variablen ist und von den Anpassungskoeffizienten a_x, b_x, c_x, a_u, b_u und c_u abhängt:

$$(4.67) \qquad \tilde{C}_s = \lim_{N\to\infty} E\{\frac{1}{N} \sum_{k=1}^{N} [\tilde{B}(u_k) + \tilde{I}(x_k+u_k-r_k)] \,|\, x_1, r_o\}$$

$$= \tilde{C}_s(a_x, b_x, \ldots, c_u)$$

Das Kriterium (4.67) bildet nun zusammen mit der Bilanzgleichung (2.5) ein linear-quadratisches Entscheidungsproblem. Nach dem Satz von THEIL [35] existieren hierfür dynamische Sicherheits äquivalente, d. h., das stochastische Problem läßt sich ohne Beeinflussung der optimalen Politik in ein deterministisches über führen, indem die Zufallsvariablen durch ihre bedingten Erwartung werte ersetzt werden:

$$\{r_k\} \longrightarrow \{\hat{r}_k(0)\} \quad \text{mit} \quad \hat{r}_k(0) = E\{r_k | r_o\} \; .$$

Das Minimum des neuen deterministischen Kriteriums

$$(4.68)\quad \tilde{C}_D = \lim_{N\to\infty}\{\frac{1}{N}\sum_{k=1}^{N}[\tilde{B}(u_k) + \tilde{I}(x_k+u_k-\hat{r}_k(0))]\}$$

$$= \tilde{C}_D(a_x,b_x,\ldots,c_u)$$

erhält man durch Differentiation nach den Entscheidungsvariablen in allen Perioden unter Berücksichtigung der Lagerbilanzgleichung als dynamischer Nebenbedingung. Als optimale Politik ergibt sich daher wegen der quadratischen Form der Zielfunktion immer eine lineare Entscheidungsregel. Von Interesse ist hierbei nur die Form der optimalen Entscheidung in der ersten Periode, weil wegen des unendlichen Planungshorizonts jede Entscheidungsperiode die erste Periode eines unendlich langen Planungszeitraums ist (Prinzip der rollenden Planung).
Die numerische Hauptaufgabe bei diesem Verfahren besteht in der Inversion einer Matrix, deren Zeilen- und Spaltenzahl der Anzahl der Perioden im Entscheidungsproblem entspricht. Im asymptotischen Fall ($N\to\infty$) muß also die Inverse (oder genauer: die erste Zeile der Inversen) einer Matrix mit unendlich vielen Zeilen und Spalten berechnet werden. Wegen der besonderen Struktur dieser Matrix ist es gerade in diesem Fall oft möglich, die erste Zeile der Inversen analytisch zu bestimmen.
Für ein Kostenkriterium vom Typ (4.68) ist die optimale Politik von THEIL [36] hergeleitet worden.[1] Auf eine beliebige Periode k bezogen lautet sie:

$$(4.69)\quad u_k = \tilde{U}_L(x_k,r_{k-1}) = \tilde{\kappa}\cdot\{x_k-\sum_{i=o}^{\infty}(\tilde{\kappa}+1)^i\cdot\hat{r}_{k+i}(k-1)-\tilde{\mu}\}$$

$$\text{mit } \hat{r}_{k+i}(k-1) = E\{r_{k+i}|r_{k-1}\} \quad \text{wie in (4.59)}$$

1) THEIL leitet seine Ergebnisse für das Gesamtkostenkriterium ab. Die optimale Politik dort entspricht auch der des Durchschnittskostenkriteriums.

Diese Politik stimmt formal mit der optimalen LNQ-Politik in (4.62) überein. Dies liegt daran, daß hier ebenso wie in (4.57) und (4.58) die optimale Politik für ein quadratisches Kriterium bestimmt wurde. Allerdings hängen die Parameter der HMMS-Politik nur von den entscheidungsrelevanten Anpassungskoeffizienten ab:

(4.70) $$\tilde{\kappa} = \frac{1-\sqrt{1+4\tilde{\Theta}}}{2\tilde{\Theta}} \qquad \text{mit} \qquad \tilde{\Theta} = \frac{c_u}{c_x}$$

(4.71) $$\tilde{\mu} = b_x$$

Der Sicherheitsbestand $\tilde{\mu}$ liegt also gerade im Minimum der quadratischen Lagerhaltungskosten $\tilde{I}(\cdot)$. Der Kompensationskoeffizient $\tilde{\kappa}$ hängt nur vom Verhältnis der Öffnungswinkel der beiden Kostenparabeln ab. Je stärker das quadratische Gewicht der Produktionsänderungskosten gegenüber dem der Lagerkosten ist, desto geringer ist das Ausmaß der linearen Kompensation von Lagerabweichungen: $d\tilde{\kappa}/d(c_u/c_x) \geq 0$. Für $c_u > 0$ und $c_x > 0$ - wie es allein ökonomisch sinnvoll sein kann - folgt aus (4.70): $-1 \leq \tilde{\kappa} < 0$.
Die Anpassungskoeffizienten a_x, a_u und b_u spielen für die HMMS-Politik keine Rolle.
Die Kosten bei Anwendung der HMMS-Politik erhält man durch Bestimmung der Varianzen $\sigma_x^2(\tilde{\Theta})$ und $\sigma_u^2(\tilde{\Theta})$ aus (4.60) bzw. (4.61) und durch Einsetzen dieser Varianzen und der Mittelwerte $\mu_u=0$ und $\mu_x = \tilde{\mu}$ in die Kostenfunktion $C_L(\mu_x,\mu_u,\sigma_x^2,\sigma_u^2)$ aus (4.5):

(4.72) $$\tilde{C}_L = C_L(\tilde{\mu},0,\sigma_x^2(\tilde{\Theta}),\sigma_u^2(\tilde{\Theta}))$$

In der HMMS-Entscheidungsregel (4.69) tauchen wie bei der LNQ-Politik die Nachfrageprognosen $\hat{r}_{k+i}(k-1)$ auf. Bei unkorrelierter Nachfrage gilt: $\hat{r}_{k+i}(k-1) = 0 \ \forall_i = 0,1,2,\ldots$. Somit bleib in diesem Fall als optimale Politik:

(4.73) $$u_k = \tilde{U}_L(x_k) = \tilde{\kappa}\cdot(x_k-\tilde{\mu})$$

Die Parameterwerte für $\tilde{\kappa}$ und $\tilde{\mu}$ aus (4.70) und (4.71) sind unabhängig von der Nachfragestruktur. Sie gelten also auch im unkorrelierten Fall.

4.2.2. Der Zusammenhang zwischen HMMS- und LNQ-Verfahren

Beim HMMS-Verfahren hängen die Parameter der linearen Entscheidungsregel allein von der Form der quadratischen Anpassung ab. Kostenparameter, Nachfragestreuung und Korrelation werden nicht explizit berücksichtigt, sondern gehen nur implizit in dieses Verfahren ein, indem man versucht, die tatsächlichen Kostenstrukturen möglichst gut durch quadratische Funktionen zu approximieren. Eine Methode, wie man diese Anpassung in bezug auf die gegebene Kosten- und Nachfragestruktur optimal durchführen kann, liefert das Verfahren allerdings nicht.
Dagegen werden bei LNQ-Verfahren alle Informationen über die Kosten- und Nachfragestruktur berücksichtigt, und es wird diejenige lineare Politik ermittelt, die in bezug auf diese Daten optimal ist.
Daraus geht hervor, daß dieses Verfahren gerade die optimalen Werte für die quadratische Approximation liefert. Die quadratische Anpassung liefert genau dann die optimale lineare Entscheidungsregel, wenn für die relevanten Kostenkoeffizienten b_x, c_x und c_u wegen der Optimalitätsvoraussetzungen $\tilde{\mu} = \mu^*$ und $\tilde{\kappa} = \kappa^* = \kappa(\theta^*)$ folgende Bedingungen gelten:

$$(4.74) \qquad b_x = \mu^* \quad \text{und} \quad \frac{c_u}{c_x} = \theta^*$$

Erfüllen die Anpassungskoeffizienten diese Bedingungen nicht, so ergeben sich Abweichungen von den minimalen Kosten bei linearer Politik, die u. U. erheblich sein können. Dies zeigt die folgende Tabelle, in der die relative Kostenabweichung $(\tilde{C}_L - C_L^*)/C_L^*$ (in%) in Abhängigkeit von der Abweichung der

Koeffizienten b_x und c_u/c_x dargestellt ist:[1)]

b_x / c_u/c_x	$\mu^*-\sigma$	$\mu^*-\frac{1}{2}\sigma$	μ^*	$\mu^*+\frac{1}{2}\sigma$	$\mu^*+\sigma$
$0,1\cdot\theta^*$	21	17	17	22	30
$0.5\cdot\theta^*$	7	3	2	4	9
θ^*	6	2	0	1	6
$2\cdot\theta^*$	9	4	2	2	5
$10\cdot\theta^*$	27	22	19	17	18

Eine schlechte Schätzung des Koeffizienten b_x läßt sich durch eine geglückte Bestimmung des Quotienten c_u/c_x einigermaßen kompensieren, während Fehlschätzungen bei c_u/c_x immer zu schlechten Ergebnissen führen.

Für die Güte der HMMS-Politik ist also die Durchführung der quadratischen Anpassung von entscheidender Bedeutung. Hierfür schlagen HOLT et al. mehrere Verfahren vor (vgl. [15], S. 72 ff.), von denen für die vorliegende Modellstruktur die Methode der kleinsten Quadrate am sinnvollsten erscheint.
Wendet man diese Methode an, so hängen die Koeffizienten der quadratischen Funktionen entscheidend von dem Bereich ab, in dem die Anpassung vorgenommen wird.
Genauere Untersuchungen zeigen, daß die Methode der kleinsten Quadrate genau dann zur optimalen Anpassung im Sinne von (4.74) führt, wenn der Anpassungsbereich symmetrisch um den optimalen Mittelwert $(\mu_u=0,\mu_x=\mu^*)$ liegt und die Grenzen des Anpassungsbereiches $(\bar{u}_{1,2};\bar{x}_{1,2})$ in folgender Weise von der optimalen stationären Standardabweichung abhängen:

$$\bar{u}_{1,2} = \pm\, d_u^*\cdot\sigma_u^*$$

(4.75)

$$\bar{x}_{1,2} = \mu^* \pm d_x^*\cdot\sigma_x^*$$

1) Diese Werte gelten für folgende Nachfrage- und Kostenparameter: $a=0,\sigma=1,h=1,v=2\cdot h,p=q=10\cdot h,P=Q=0$ ($\Rightarrow$ $\mu^*=+0,91,\theta^*=61,11$). Auch bei anderen Kostenstrukturen (mit P=Q=0) haben die Ergebnisse etwa dieselbe Größenordnung. Mit zunehmender Korrelation nimmt die Kostendifferenz ab(vgl. Anhang X).

Dabei hängen d_u^* und d_x^* (auf analytisch nicht weiter feststellbare Weise) von den einzelnen Kosten- und Nachfrageparametern ab. Für die Parameter aus der vorherigen Tabelle lauten die Werte z. B.: $d_u^* = 1,89$ und $d_x^* = 1,95$. Wählt man die Anpassungskoeffizienten falsch, so können sich größere Abweichungen vom Kostenminimum ergeben, wie sie in der folgenden Tabelle (in %-Sätzen) dargestellt sind:

d_u \ d_x	0,5	1	$d_x^*=1,95$	5	10
0,5	148	5	6	17	40
1	146	2	1	10	34
$d_u^*=1,89$	146	1	0	7	32
5	152	6	3	8	35
10	159	12	9	12	41

Man sieht, daß die Kostenabweichungen auf Veränderungen des Anpassungsbereiches für die Lagerkosten wesentlich stärker reagieren als auf Änderungen bei den Produktionsänderungskosten. Außerdem führt eine Unterschätzung des Approximationsbereiches zu wesentlich ungünstigeren Ergebnissen als eine Überschätzung.[1)]

Zur Bestimmung eines möglichst guten Anpassungsbereiches empfehlen HOLT et. al. eine iterative Methode, die aber keine exakten Aussagen über die Optimalität des Anpassungsbereiches zuläßt. Bei diesem Verfahren der stufenweisen Approximation geht man so vor, daß man a priori einen Bereich zur Anpassung auswählt, in dem sich die Variable vermutlich aufhält. Zeigt dann die optimale Entscheidungsregel für diesen a-priori-Bereich, daß die Variable

1) Diese allgemeinen Ergebnisse zeigen sich auch bei anderen Kostenstrukturen.

bei dieser Politik nur mit geringer Wahrscheinlichkeit im vorgegebenen Bereich liegt, dann wählt man den Anpassungsbereich entsprechend den Informationen aus der optimalen Politik neu aus. Dieses heuristische Verfahren setzt man so lange fort, bis der Anpassungsbereich für die optimale Politik mit dem Wertbereich de Variablen bei Anwendung der optimalen Politik zufriedenstellend übereinstimmt.
Eine Möglichkeit zur präzisen Durchführung dieser Approximation ergibt sich z. B. durch iterative Anwendung der Formeln (4.75). Man startet mit beliebigen Anpassungsgrenzen $u_{1,2}^{(o)}$ und $x_{1,2}^{(o)}$, berechnet hierfür die HMMS-Politik und daraus nach (4.8), (4.60) und (4.61) die Werte für die Parameter der zu dieser Politik gehörenden stationären Verteilungen:

$$\mu_x^{(o)} = \mu^{(o)}, \; \sigma_x^{(o)} = \sigma_x(\kappa^{(o)}) \text{ und } \sigma_u^{(o)} = \sigma_u(\kappa^{(o)}) \; .$$

Mit diesen Werten und mit bestimmten Faktoren d_u und d_x berechnet man nach (4.75) neue Anpassungsgrenzen $u_{1,2}^{(1)}$ und $x_{1,2}^{(1)}$. Dieses Verfahren führt man solange durch, bis die Anpassungsgrenzen in zwei aufeinanderfolgenden Schritten übereinstimmen. Wählt man $d_u=d_u^*$ und $d_x=d_x^*$, dann zeigen die Untersuchungen, daß bei diesem Verfahren (unabhängig von den Startwerten) die Grenzen $u_{1,2}^{(k)}$ und $x_{1,2}^{(k)}$ gegen die optimalen Anpassungsgrenzen konvergieren. Abweichungen von d_u und d_x führen auch zu einer Abweichun von der optimalen Approximation und garantieren nicht mehr unbedingt eine Konvergenz der Anpassungsgrenzen.
Dies zeigt, daß die optimale quadratische Approximation schließlich nur nach dem LNQ-Verfahren möglich ist. Das HMMS-Verfahren hat allerdings den Vorteil, daß es sich auf beliebige Kostenstrukturen, Nachfrageverteilungen und Planungshorizonte anwenden läßt. Bei nicht normalverteilter Nachfrage und endlichem Planungszeitraum kann auch die LNQ-Politik nur als Approximation der optimalen linearen Entscheidungsregel betrachtet werden. Wenn aber die Voraussetzungen für seine Anwendung vorliegen, so

ist, wie der Vergleich gezeigt hat, das LNQ-Verfahren dem HMMS-Verfahren immer vorzuziehen. Beim Vergleich der verschiedenen Lösungsverfahren für das Produktions-Lagerhaltungs-Modell aus Kap. 2 wird deshalb von dem Verfahren mit linearen Entscheidungsregeln nur das LNQ-Verfahren berücksichtigt.

4.3. Die optimale lineare Politik bei variablem Entscheidungszyklus

4.3.1. Fixkosten und Entscheidungszyklus bei linearer Politik

In der Sensitivitätsanalyse für die einfache LNQ-Politik in Kap. 4.1.2.3. ist schon darauf hingewiesen worden, daß die Fixkosten P und Q keinen Einfluß auf die optimalen Parameter der linearen Politik haben. Dies liegt daran, daß bei Anwendung linearer Entscheidungsregeln in jeder Entscheidungsperiode eine Produktionsänderung vorgenommen wird (außer im Fall $x_k = \mu^* + \frac{a}{1-a(\kappa^*+1)} \cdot r_{k-1}$, der jedoch mit Wahrscheinlichkeit Null auftritt), so daß immer Fixkosten auftreten, zur Hälfte für positive, zur Hälfte für negative Produktionsänderung. Deshalb gehen die Fixkosten P und Q nur als additive Konstante in die Kostenfunktion (4.4) ein und sind somit nicht entscheidungs relevant.

Hier zeigt sich ein bedeutender Nachteil der einfachen LNQ-Politik: Durch ihre Beschränkung auf lineare Entscheidungsregeln kann sie sich an Fixkosten der Produktionsänderung nicht anpassen. Dagegen kann die optimale (t,T,Z,z)-Politik zu hohe Fixkosten vermeiden, indem sie den "kritischen Bereich" ohne Produktionsänderung vergrößert und somit den mittleren Produktionsänderungszyklus verlängert. Deshalb liegt es nahe, bei

Anwendung linearer Entscheidungsregeln von der Voraussetzung abzugehen, daß in jeder Periode ein Produktionsänderungsentscheid getroffen werden muß.
Wenn man n Zeitperioden zu einem Entscheidungszyklus zusammenfaßt (mit $n \in \mathbb{N}$), in dem in der ersten Periode eine Produktionsänderung vorgenommen werden kann, während der Lagerprozeß in den restlichen n-1 Perioden ohne Kontrolle abläuft, so kann sich auch die lineare Politik durch die Wahl der Länge eines solchen Zyklus an Fixkosten anpassen. Je höher die Fixkosten einer Produktionsänderung sind, desto mehr Zeitperioden wird der optimale Entscheidungszyklus umfassen.
Im folgenden soll gezeigt werden, wie für das Produktions-Lagerhaltungs-Modell mit unkorrelierter Nachfrage die optimale lineare Politik bei optimaler Länge des Entscheidungszyklus hergeleitet werden kann.

4.3.2. Das LNQ-Verfahren bei variablem Entscheidungszyklus

Die lineare Entscheidungsregel bei variablem Entscheidungszyklus enthält außer den Parametern κ und μ wie in (4.23) als zusätzlichen Parameter die Anzahl n der Zeitperioden, die zu einem Zyklus gehören sollen:

$$(4.76) \qquad u_k = U_z(x_k, k) = \begin{cases} \kappa \cdot (x_k - \mu) & \text{für } k \in \{1, 1+n, 1+2\cdot n, \ldots\} \\ 0 & \text{sonst} \end{cases}$$

Für n=1 erhält man gerade die einfache lineare Politik aus (4.23). Für n>1 ist es sinnvoll neben dem Zeitindex k einen Index $\bar{k}$ für den Entscheidungszyklus einzuführen. Nach (4.76) besteht zwischen diesen Indizes folgender Zusammenhang:

$k = n \cdot \bar{k} - n + 1$. Im folgenden soll der einfacheren Schreibweise wegen der Zeitindex durch lineare Transformation umdefiniert werden: $k' := k + n - 1$. Dies hat wegen der unendlichen Anzahl von Planungsperioden keinen Einfluß auf die Optimierung. Die Beziehung zwischen den Indizes lautet dann: $k' = n \cdot \bar{k}$. Soweit sich die

Variablen auf diese Zeitperioden beziehen, werden sie mit $x'_{\bar{k}}$ bzw. $r'_{\bar{k}}$ bezeichnet.

Um die Periodenkosten im asymptotischen Fall ($\bar{k} \to \infty$) angeben zu können, muß man die Stationärität der Größen im Entscheidungszyklus untersuchen.
Die Lagerbilanzgleichung (2.5) läßt sich auch auf Zyklen beziehen:

(4.77) $$x_{\bar{k}+1} = x_{\bar{k}} + u_{\bar{k}} - s_{\bar{k}}$$

mit $$s_{\bar{k}} := \sum_{i=o}^{n-1} r'_{n\cdot\bar{k}+i}$$

Genau wie $\{r_k\}$ bildet natürlich auch $\{s_{\bar{k}}\}$ einen unabhängigen, stationären Gaußprozeß mit den Momenten

(4.78) $$E\{s_{\bar{k}}\} = 0 \quad \text{und} \quad Var\{s_{\bar{k}}\} = n.\sigma^2 \quad \forall\bar{k} = 1,2,...$$

Die Entscheidungsfunktion aus (4.76) läßt sich ebenfalls auf Zyklen beziehen und lautet dann:

(4.79) $$u_{\bar{k}} = \kappa\cdot(x_{\bar{k}} - \mu) = U_L(x_{\bar{k}})$$

Damit entsprechen die Systemgleichungen und (bis auf die Größe der Varianz) der Nachfrageprozeß für das auf Zyklenbasis definierte Modell genau den Bedingungen des Perioden-Modells (n=1) aus Kap. 4.1.2.1.. Es gelten also auch die dort gewonnenen Ergebnisse über die stationären Grenzverteilungen und deren Parameter. Somit besitzen die Produktionsänderungsentscheidungen in jedem Zyklus und die Lagerbestände am Zyklusbeginn bzw. Zyklusende Normalverteilungen als Grenzverteilungen, für deren Parameter unter Berücksichtigung der Nachfragevarianz aus (4.78) gilt

(4.80) $\mu_{\bar{x}} = \mu$

(4.81) $\mu_{\bar{u}} = 0$

(4.82) $\sigma^2_{\bar{x}} = -\frac{n}{\kappa(\kappa+2)} \cdot \sigma^2$

(4.83) $\sigma^2_{\bar{u}} = -\frac{n \cdot \kappa}{\kappa+2} \cdot \sigma^2$

Zur Bestimmung der Lagerhaltungskosten müssen nicht nur die Lagerbestände am Ende jedes Zyklus, sondern auch die Lagerwerte am Ende der Zeitperioden innerhalb jedes Zyklus berücksichtigt werden.

Für die Lagertransformation <u>innerhalb</u> eines Entscheidungszyklus gilt:

(4.84) $x'_{n\bar{k}+i+1} = x'_{n\bar{k}+i} - r'_{n\bar{k}+i}$ für $i = 1,2,\ldots,n-1$

Damit erhält man folgenden Zusammenhang zwischen den Lagerbeständen im $\bar{k}$-ten Zyklus und dem am Zyklusende:

(4.85) $x_{\bar{k}+1} = x'_{n\bar{k}+n} = x'_{n\bar{k}+i} - \sum_{j=i}^{n-1} r'_{n\bar{k}+j}$ für $i = 1,2,\ldots,n-1$

Daraus folgt, daß wegen der Stationarität von $\{x_{\bar{k}}\}$ für $\bar{k}\to\infty$ auch die Zwischenlagerbestände als stationäre Grenzverteilungen Normalverteilungen besitzen, deren Parameter man durch Erwartungswert- und Varianzbildung über (4.85) bestimmen kann:

(4.86) $\mu_i := E\{x'_{n\bar{k}+i}\} = \mu_{\bar{x}} = \mu$

für $i = 1,2,\ldots,n$

(4.87) $\sigma_i^2 := \mathrm{Var}\{x'_{n\bar{k}+i}\} = \sigma^2_{\bar{x}} - (n-i)\cdot\sigma^2$

Für die stationären Lagerkosten am Ende der i-ten Periode eines Entscheidungszyklus gilt dann nach (4.3):

$$(4.88)\quad \Lambda(\mu_i,\sigma_i^2) = (h+v)\cdot\{\mu\cdot\Phi_s(\frac{\mu}{\sigma_i}) + \sigma_i\cdot\phi_s(\frac{\mu}{\sigma_i})\}-v\cdot\mu$$

Die durchschnittlichen Lagerkosten pro Zeitperiode in einem vollen Entscheidungszyklus hängen also über (4.86) und (4.87) von den Politikparametern κ und μ und von der Zykluslänge n ab:

$$(4.89)\quad \Lambda_z(n,\kappa,\mu) = \frac{1}{n}\cdot(h+v)\cdot\sum_{i=1}^{n}\left[\mu\cdot\Phi_s(\frac{\mu}{\sigma_i})+\sigma_i\cdot\phi_s(\frac{\mu}{\sigma_i})\right]-v\cdot\mu$$

Die stationären Produktionsänderungskosten pro Zeitperiode ergeben sich wegen des Parameters (4.81) analog zu (4.16):

$$(4.90)\quad \Pi_z(n,\kappa) = \frac{1}{n}\cdot\left[\frac{p+q}{\sqrt{2\pi}}\cdot\sigma_{\bar{u}}+\frac{1}{2}(P+Q)\right]$$

Die Gesamtkosten pro Zeitperiode betragen also:

$$(4.91)\quad C_z(n,\kappa,\mu) = \Lambda_z(n,\kappa,\mu) + \Pi_z(n,\kappa)$$

Um das Kostenminimum zu finden, muß über alle drei Parameter n,κ und μ optimiert werden. Dies läßt sich so durchführen, daß zunächst n festgehalten wird und analog zum einfachen LNQ-Verfahren die Funktion $C_z(n,\kappa,\mu)$ nach κ und μ differenziert wird.

Mit (4.17) erhält man:

$$(4.92)\quad \frac{\partial C_z}{\partial\mu} = (h+v)\cdot\sum_{i=1}^{n}\Phi_s(\frac{\mu}{\sigma_i})-n\cdot v = 0$$

Die zweite Optimalitätsbedingung lautet:

$$(4.93)\quad \frac{\partial C_z}{\partial\kappa} = \sum_{i=1}^{n}\frac{\partial C_z}{\partial\sigma_i}\cdot\frac{d\sigma_i}{d\kappa} + \frac{\partial C_z}{\partial\sigma_{\bar{u}}}\cdot\frac{d\sigma_{\bar{u}}}{d\kappa} = 0$$

Unter Berücksichtigung der Ergebnisse aus (4.18), (4.19), (4.31), (4.32), (4.82), (4.83) und (4.87) ergibt sich aus (4.93):

$$(4.94)\quad \frac{\kappa+1}{\kappa^2}\cdot\sigma_{\bar{u}}(\kappa)\cdot\sqrt{2\pi}\cdot\sum_{i=1}^{n}\left[\frac{1}{\sigma_i(\kappa)}\cdot\phi_s\left(\frac{\mu}{\sigma_i(\kappa)}\right)\right]-\beta = 0$$

mit $\beta = \frac{p+q}{h+v}$

Die Varianzen sind als Funktionen von κ gekennzeichnet. (4.92) und (4.94) bilden also zwei Bestimmungsgleichungen für κ und μ bei gegebenem n: κ_n und μ_n. Um die minimalen Kosten C_z zu ermitteln, muß man n variieren, für jedes n das obige Gleichungssystem lösen und die entsprechenden Werte in die Kostenfunktion (4.91) einsetzen. Es zeigt sich, daß für die optimale Zykluslänge n^* gilt:

$$(4.95)\quad C_z(n^*-1,\kappa_{n^*-1},\mu_{n^*-1}) > C_z(n^*,\kappa_{n^*},\mu_{n^*}) \leq C_z(n^*+1,\kappa_{n^*+1},\mu_{n^*+1})$$

Für n=1 vereinfachen sich die Bestimmungsgleichungen (4.92) und (4.94) gerade zu den entsprechenden Gleichungen (4.35) und (4.33) für die einfache LNQ-Politik. Für n>1 ist eine Auflösung des Gleichungssystems analytisch nicht mehr möglich, sondern muß numerisch durchgeführt werden. In Sonderfällen (h=v oder p=q=0) lassen sich allerdings Angaben über einzelne Politikparameter machen.

4.3.3. Die optimalen Politikparameter in besonderen Kostensituationen

<1> Im Fall symmetrischer Lagerkosten (h=v) vereinfacht sich (4.92) zu

$$2\cdot\sum_{i=1}^{n}\Phi_s\left(\frac{\mu}{\sigma_i}\right) - n = 0$$

Umformung und Ausnutzung der Symmetrie der Normalverteilung ergeben daraus

$$\sum_{i=1}^{n} \left[2\Phi_s(\frac{\mu}{\sigma_i})-1\right] = \sum_{i=1}^{n} \left[\Phi_s(\frac{\mu}{\sigma_i}) - \Phi_s(-\frac{\mu}{\sigma_i})\right] = 0$$

Damit erhält man als Bestimmungsgleichung für μ

$$\sum_{i=1}^{n} \Phi_s(\frac{\mu}{\sigma_i}) = \sum_{i=1}^{n} \Phi_s(\frac{-\mu}{\sigma_i})$$

Wegen $-1 \leq \kappa < 0$ gilt für σ_i aus (4.87) : $\sigma_i < \infty \forall i$. Damit folgt für das optimale μ :

(4.96) $$\mu^{*} = C$$

Setzt man dieses Ergebnis in die zweite Bestimmungsgleichung (4.94) ein, dann erhält man wegen $\phi_s(0) = 1/\sqrt{2\pi}$:

$$\frac{\kappa+1}{\kappa^2} \cdot \sigma_{\bar{u}} \cdot \sum_{i=1}^{n} \frac{1}{\sigma_i} - \beta = 0$$

Wenn man hier die entsprechenden Formeln für die Varianzen aus (4.82), (4.83) und (4.87) einsetzt, so ergibt sich folgende Bestimmungsgleichung für das optimale κ:

(4.97) $$\frac{\kappa^{*}+1}{-\kappa^{*}} \cdot \sqrt{n} \cdot \sum_{i=1}^{n} \frac{1}{\sqrt{(n-j)(\kappa^{*}+1)^2+j}} - \beta = 0$$

<2> Für den Fall, daß <u>keine proportionalen Produktionsänderungskosten</u> auftreten <u>(p=q=0)</u> wird wegen $\beta=0$ aus (4.94) :

$$\frac{\kappa+1}{\kappa^2} \cdot \sigma_{\bar{u}} \sum_{i=1}^{n} \left[\frac{1}{\sigma_i} \cdot \phi_s(\frac{\mu}{\sigma_i})\right] = 0$$

Wegen $-1 \leq \kappa < 0$ gilt: $\sigma_{\bar{u}} > 0, \sigma_i < \infty \; \forall i, -\infty < \mu < +\infty$. Damit folgt für das optimale κ :

(4.98) $$\kappa^* = -1$$

Aus (4.87) ergibt sich damit $\sigma_i^2 = i \cdot \sigma^2$. Damit lautet die Bestimmungsgleichung (4.92) für μ^* :

(4.99) $$(h+v) \cdot \sum_{i=1}^{n} \Phi_s\left(\frac{\mu^*}{\sigma \cdot \sqrt{i}}\right) - n \cdot v = 0$$

<3> Wenn die beiden untersuchten Kostensituationen gleichzeitig vorliegen (h=v und p=q=0), dann liegen also die optimalen Parameter der linearen Politik unabhängig von der Länge des Entscheidungszyklus fest:

$$\mu^* = 0 \quad \text{und} \quad \kappa^* = -1$$

Für diese Werte vereinfacht sich die Kostenfunktion $C_z(n, \kappa, \mu)$ aus (4.91). Das optimale n ist dasjenige, das diese Kosten minimiert:

$$C_z^* = C_z(n^*, -1, 0) = \min_n \left\{ \frac{1}{n} \left[\frac{(h+v) \cdot \sigma}{\sqrt{2\pi}} \cdot \sum_{i=1}^{n} \sqrt{i} + \frac{1}{2}(P+Q) \right] \right\}$$

5. Das Lösungsverfahren mit direkter Anwendung der deterministischen dynamischen Optimierung (DDO-Verfahren)

5.1. Die Grundzüge des DDO-Verfahrens

In der Praxis wird zur Lösung stochastischer dynamischer Entscheidungsprobleme häufig ein Näherungsverfahren benutzt, das auf einer Trennung von Prognose und Optimierung beruht. Hierbei werden nicht alle Informationen über die stochastischen Variablen berücksichtigt; in die Entscheidungsfindung gehen lediglich deterministische Prognosewerte für diese Variable ein, so daß das dynamische Entscheidungsproblem nur noch deterministischer Natur ist. In vielen praktischen Fällen wird auch der dynamische Aspekt des Problems nicht voll berücksichtigt, indem suboptimale Verfahren angewendet werden, wie z. B. die dynamische Losgrößenrechnung [5] oder die Optimierung durch adaptive Grenzen [27] in Lagerhaltungsproblemen. In dieser Arbeit wird davon ausgegangen, daß das dynamische Problem mit den Prognosewerten mit Hilfe der deterministischen dynamischen Optimierung exakt gelöst wird (DDO-Verfahren), so wie es in entsprechenden Lagerhaltungsmodellen durch das Wagner-Whitin-Verfahren (vgl. [20]) geschieht.

Dieses DDO-Verfahren wird wegen des Prinzips der rollenden Planung bei unendlichem Planungshorizont in jeder Entscheidungsperiode neu angewendet, wobei die neuesten Prognosewerte für die stochastischen Größen zugrunde gelegt werden. So ist in jeder Periode nur jeweils die erste Entscheidung aus der optimalen Entscheidungsfolge der DDO-Aufgabe von Bedeutung. Die Anwendung dieser Entscheidung in jeder Periode in Abhängigkeit vom gegebenen Informationsstand liefert die sog. DDO-Politik

In dem dieser Arbeit zugrunde liegenden Produktions-Lagerhaltungs-Modell (PLM) existieren wegen des nichtquadratischen Kostenkriteriums keine dynamischen Sicherheitsäquivalente. Deshalb ist die Trennung von Prognose und Optimierung nicht zulässig. Die Anwendung des DDO-Verfahrens führt hier somit nicht zur optimalen Lösung des Problems, so daß die DDO-Politik nur eine Näherung der optimalen Politik darstellt.
Diese Approximation läßt sich dadurch verbessern, daß man die vollständige Vernachlässigung der Stochastik bei der dynamischen Optimierung teilweise kompensiert. Dies geschieht durch die nachträgliche Einfügung eines statischen Sicherheitsbestandes in die ursprüngliche DDO-Politik, der unerwünschte Auswirkungen der Zufallsabhängigkeit der Nachfrage auf den Lagerbestand vermeiden helfen soll. Ein solcher Sicherheitsbestand kann kostenoptimal bestimmt werden, falls die entsprechenden Parameter der Lagerkosten bekannt sind. Anderenfalls kann man ihn aufgrund einer vorgegebenen Risikowahrscheinlichkeit für das Nichtnegativwerden des Lagers (entsprechend einer vorgegebenen Lieferbereitschaft im Lagerhaltungsmodell) ermitteln (vgl. LENZ [21], S. 88 ff.).

Dieses DDO-Verfahren, mit oder ohne Sicherheitsbestand, schränkt im Gegensatz zum LNQ-Verfahren die Struktur der Politik nicht auf eine bestimmte Klasse ein. Welche Form die DDO-Politik bei Anwendung dieses Verfahrens auf das PLM in Kap. 2. hat, soll im nächsten Kapitel gezeigt werden. Darüber hinaus wird der optimale Sicherheitsbestand für dieses Modell bestimmt.

5.2. Die Anwendung des DDO-Verfahrens

5.2.1. Der Ansatz des DDO-Verfahrens

Die Benutzung von Prognosewerten beim DDO-Verfahren bedeutet, daß im PLM die stochastische Nachfragefolge $\{r_k\}$ durch die Folge der bedingten Erwartungswerte ersetzt wird: $\{r_k\} \rightarrow \{\hat{r}_k(0)\}$ wie im HMMS-Verfahren. r_o ist der (bekannte) Anfangswert für die Nachfrage vor Beginn der ersten Planungsperiode.
Damit erhält man statt (2.9) ein modifiziertes deterministisches Kostenkriterium:

$$(5.1) \quad \hat{C} = \lim_{N\to\infty} \frac{1}{N} \sum_{k=1}^{N} \left[B(u_k) + I(x_{k+1})\right]$$

Die Lagerbilanzgleichung (2.5) beschreibt nun eine deterministische Lagertransformation:

$$(5.2) \quad x_{k+1} = x_k + u_k - \hat{r}_k(0)$$

Gesucht wird beim DDO-Verfahren die Produktionsentscheidung für die erste Periode, die zu der Politik gehört, die bei gegebenem Anfangslager x_1 und Anfangsnachfrage r_o das Kostenkriterium (5.1) unter Berücksichtigung der dynamischen Nebenbedingung (5.2) minimiert.
Im allgemeinen Fall der exponentiell korrelierten Nachfrage gilt für die bedingten Erwartungswerte, die in das Kriterium (5.1) eingehen, gemäß (2.4)

$$(5.3) \quad \hat{r}_k(0) = a^k \cdot r_o$$

Weil eine endliche Anfangsnachfrage vorausgesetzt wird ($r_o<\infty$), hat auch die (über den unendlichen Planungszeitraum hinweg) erwartete Gesamtnachfrage einen endlichen Wert

$$(5.4)\quad \sum_{k=1}^{\infty} \hat{r}_k(0) = \sum_{k=1}^{\infty} a^k \cdot r_o = \frac{a}{1-a} \cdot r_o < \infty$$

Wegen der endlichen Gesamtnachfrage lassen sich beliebig viele Entscheidungsstrategien finden, die auf endliche Gesamtkosten

$$(5.5)\quad \hat{C}_G = \sum_{k=1}^{\infty} \left[B(u_k) + I(x_k+u_k-\hat{r}_k(0))\right]$$

im deterministischen Fall führen. So erzeugt z. B. jede Strategie $\{u_1=0, u_2=0, \ldots, u_j = \sum_{k=1}^{\infty} \hat{r}_k(0)-x_1, u_{j+1}=0, u_{j+2}=0, \ldots\}$ mit $j<\infty$ endliche Produktionsänderungs- und endliche Lagerhaltungskosten in (5.5). Die Minimierung der Durchschnittskosten $\hat{C}$ aus (5.1) führt somit zu keiner eindeutigen optimalen Politik. Um die Eindeutigkeit der Politik zu gewährleisten, ist es im deterministischen Fall also notwendig, ein anderes Kriterium zu wählen. Hierbei ist es sinnvoll, das Durchschnittskostenkriterium (5.1) durch das Gesamtkostenkriterium (5.5) zu ersetzen, weil eine Politik, die die Gesamtkosten minimiert, auch auf das Durchschnittskostenminimum führt.

Die optimale Politik zur Minimierung dieser Kosten läßt sich prinzipiell mit Hilfe des deterministischen DP ermitteln. Für den allgemeinen Fall der exponentiell korrelierten Nachfrage müssen dazu die Funktionalgleichungen in Abhängigkeit von Anfangslager (x) und letzter realisierter Nachfrage (r) wie folgt eingesetzt werden:

$$\hat{F}_k(x,r) = \min_u \{B(u) + I(x+u-a\cdot r) + \hat{F}_{k-1}(x+u-a\cdot r, a\cdot r)\}$$

(5.6)

$$\hat{F}_o(x,r) \equiv 0$$

Die minimierende Entscheidung u im asymptotischen Fall ($k \to \infty$) liefert mit $x = x_1$ und $r = r_o$ die optimale Entscheidung für die erste Periode. Die Auswertung dieser Funktionalgleichungen für allgemeine Anfangswerte x und r erweist sich allerdings als äußerst schwierig, weil bei der Optimierung von Stufe zu Stufe eine ständig zunehmende Zahl von Fallunterscheidungen getroffen werden muß.
Für den korrelierten Fall ohne Fixkosten läßt sich die optimale Entscheidung für die erste Periode auch ohne Lösung der Funktionalgleichungen auf direktem Wege herausfinden. Dieser Lösungsweg wird im nächsten Kapitel vorgestellt. Dabei zeigt sich, daß sich wegen der besonderen Nachfragestruktur aus (5.3) die Abhängigkeit der optimalen Entscheidung von Anfangslager und -nachfrage analytisch darstellen läßt.

5.2.2. Die Herleitung der DDO-Politik

Die optimale Entscheidung für die erste Periode kann man durch einen direkten Vergleich der Entscheidungsstrategien für den gesamten unendlichperiodigen Planungszeitraum ermitteln. Unter einer Strategie wird hier eine Folge von Produktionsänderungsentscheidungen $\{u_1, u_2, u_3, \ldots\}$ verstanden.
Die Herleitung der DDO-Politik geschieht hier für den Modellfall mit korrelierter Nachfrage ($a \geq 0$), aber ohne Fixkosten ($P=Q=0$). Zunächst werden drei Lemmata aufgestellt, die dazu dienen, optimale Reststrategien festzulegen.

LEMMA (5.1) :

Für jede optimale Reststrategie $\{u_k^*, u_{k+1}^*, u_{k+2}^*, \ldots\}$ mit $k \in \mathbb{N}$ muß gelten, daß die Summe aus Anfangslager x_k und restlicher Gesamtproduktion gleich der restlichen Gesamtnachfrage sein muß[1])

1) Die Nachfrageprognosen $\hat{r}_i(0)$ werden der Abkürzung halber mit $\hat{r}_i$ bezeichnet.

$$x_k + \sum_{i=k}^{\infty} u_i^* = \sum_{i=k}^{\infty} \hat{r}_i$$

Beweis: Eine Reststrategie, die diese Bedingung nicht erfüllt, führt im Laufe des gesamten Planungszeitraums auf unendlich hohe Lagerkosten und ist somit suboptimal. ∎

Durch das folgende Lemma werden die optimalen Reststrategien weiter eingeschränkt:

LEMMA (5.2) :

Ist bei nichtnegativer Anfangsnachfrage r_o zu Beginn einer beliebigen Periode $k \in \mathbb{N}$ der Lagerbestand kleiner als die Nachfrageprognose für diese Periode, so besteht die optimale Reststrategie darin, in jeder folgenden Periode gerade den Überschuß der Nachfrage über den Lagerbestand zu produzieren.

Aus $r_o \geq 0$ und $x_k \leq \hat{r}_k$ folgt für die optimale Reststrategie:

$$\{u_k^* = \hat{r}_k - x_k, u_{k+1}^* = \hat{r}_{k+1}, u_{k+2}^* = \hat{r}_{k+2}, \ldots\}$$

Beweis: Aus $x_k < \hat{r}_k$ folgt wegen $r_o \geq 0$ auch: $x_k \leq \sum_{i=k}^{\infty} \hat{r}_i$. Wegen Lemma (5.1) gilt dann $\sum_{i=k}^{\infty} u_i^* = \sum_{i=k}^{\infty} \hat{r}_i - x_k \geq 0$.

Unter diesen Umständen lassen sich nach (2.7) die minimalen Produktionsänderungskosten mit jeder Reststrategie erreichen, die nur nichtnegative Entscheidungen enthält:

$$\{u_k \geq 0, u_{k+1} \geq 0, u_{k+2} \geq 0, \ldots\}$$

Nun ist zu prüfen, welche Reststrategie die Lagerkosten minimiert. Diese Kosten sind nach (2.6) gerade dann minimal, wenn in jeder Periode der Endlagerbestand gleich Null ist:

$$x_{i+1} = 0 \quad \text{für} \quad i = k, k+1, \ldots$$

Wegen der Bilanzgleichung (5.2) muß dann gelten:
$x_{i+1} = x_i+u_i-\hat{r}_i = 0$ für $i = k,k+1,\ldots$ Daraus folgt für die lagerkostenminimierende Reststrategie:
$\{u_k = \hat{r}_k-x_k, u_{k+1} = \hat{r}_{k+1}, u_{k+2} = \hat{r}_{k+2},\ldots\}$. Wegen der Voraussetzungen $x_k \leq \hat{r}_k$ und $r_o \geq 0$ gilt: $\hat{r}_k-x_k \geq 0$ und $\hat{r}_i \geq 0$ für $i=k+1,k+2,\ldots$

Damit minimiert diese Reststrategie sowohl die Lagerhaltungs- als auch die Produktionsänderungskosten und ist somit gesamtoptimal, womit Lemma (5.2) bewiesen ist. ■
Lemma (5.2) gilt für den Fall $r_o \geq 0$. Für $r_o \leq 0$ läßt sich ein entsprechendes Lemma aufstellen, das analog bewiesen werden kann.

LEMMA (5.3) :

Aus $r_o \leq 0$ und $x_k \geq \hat{r}_k$ folgt für die optimale Reststrategie

$$\{u_k^* = \hat{r}_k-x_k, u_{k+1}^* = \hat{r}_{k+1}, u_{k+2}^* = \hat{r}_{k+2},\ldots\}$$

Mit Hilfe dieser Lemmata erfolgt nun ein Vergleich der Gesamtstrategien. Dieser soll zunächst für den Fall $r_o \geq 0$ vorgenommen werden. Dabei müssen verschiedene Anfangslagerbereiche getrennt untersucht werden. Zur Abkürzung wird geschrieben: $x := x_1$ und $r := r_o$.

Fall <1>: $x \leq \hat{r}_1$

Hierfür folgt sofort aus Lemma (5.2) die optimale Strategie:

$$S^* = \{u_1^* = \hat{r}_1-x, u_2^* = \hat{r}_2, u_3^* = \hat{r}_3,\ldots\}.$$

Die optimale (Start-)Politik lautet also: $u_1^* = \hat{r}_1-x = a\cdot r-x$

Fall <2>: $\hat{r}_1 < x < \sum_{k=1}^{\infty} \hat{r}_k$

Fall <2.1>: $\hat{r}_1 < x \leq \hat{r}_1 + \hat{r}_2$

In diesem Fall kommen zwei Strategien S_1 und S_o in Betracht. Es wird auch eine Mischstrategie S_α untersucht. Die folgende Tabelle zeigt diese Strategien mit den zugehörigen Lagerbestandsfolgen:

Strategie	Periode 1	Periode 2	Periode 3	. .
S_1	$u_1 = \hat{r}_1 - x$	$u_2 = \hat{r}_2$	$u_3 = \hat{r}_3$	. .
	$x_2 = 0$	$x_3 = 0$	$x_4 = 0$	. .
S_o	$u_1 = 0$	$u_2 = \hat{r}_2 - (x - \hat{r}_1)$	$u_3 = \hat{r}_3$	. .
	$x_2 = x - \hat{r}_1$	$x_3 = 0$	$x_4 = 0$	. .
S_α	$u_1 = \alpha(\hat{r}_1 - x)$	$u_2 = \hat{r}_2 - (1-\alpha)(x - \hat{r}_1)$	$u_3 = \hat{r}_3$	. .
$0 \leq \alpha \leq 1$	$x_2 = (1-\alpha)(x - \hat{r}_1)$	$x_3 = 0$	$x_4 = 0$	. .

Die Strategie S_1 ist dadurch gekennzeichnet, daß in der ersten Periode die Produktionsänderung genau der Differenz zwischen Nachfrage in dieser Periode und Anfangslager entspricht. Daraus folgt $x_2 = 0 \leq \hat{r}_2$, so daß sich die angegebene Reststrategie nach Lemma (5.2) ergibt. Bei Strategie S_o wird in der ersten Periode keine Produktionsänderung vorgenommen. Daraus folgt mit Bedingung <2.1> für den Endlagerbestand: $x_2 = x - \hat{r}_1 \leq \hat{r}_2$. Die Reststrategie ist also wieder durch Lemma (5.2) eindeutig bestimmt. Entsprechendes gilt für die Mischstrategie S_α.

Die einzelnen Strategien führen auf folgende Kosten:

$$S_1 : K_1 = -q(\hat{r}_1-x) + p\hat{r}_2 + C_3 \text{ mit } C_3 = p\sum_{i=3}^{\infty} \hat{r}_i = p\cdot\frac{a^3}{1-a}\cdot r$$

$$S_o : K_o = h(x-\hat{r}_1) + p(\hat{r}_1+\hat{r}_2-x) + C_3$$

$$S_\alpha : K_\alpha = -q\cdot\alpha(\hat{r}_1-x) + h(1-\alpha)(x-\hat{r}_1) + p[\hat{r}_2-(1-\alpha)(x-\hat{r}_1)]+C_3$$

Man stellt leicht fest, daß die Mischstrategie S_α suboptimal ist:
$K_\alpha = \alpha\cdot K_1 + (1-\alpha)K_o \rightarrow K_\alpha \geq \min[K_1;K_o]$.
Für sonstige Strategien außer S_1 und S_o gilt: Eine Strategie, bei der in der ersten Periode die Produktion stärker als bei Strategie S_1 verringert wird ($u_1<\hat{r}_1-x$), führt im Vergleich zu S_1 sowohl auf zusätzliche Lagerhaltungskosten (wegen $x_2<0$), als auch auf zusätzliche Produktionsänderungskosten in den ersten beiden Perioden. Eine Strategie, bei der in der ersten Periode die Produktion erhöht wird ($u_1>0$), führt im Vergleich zu S_o auf höhere Lagerkosten, ohne daß die Produktionsänderungskosten vermindert werden können.
Die optimale Strategie ist also nur unter S_1 und S_o zu suchen! Zunächst wird die Kostendifferenz zwischen diesen beiden Strategien gebildet:

$$K_o - K_1 = [h-(p+q)]\cdot(x-\hat{r}_1)$$

Wegen $x-\hat{r}_1>0$ nach <2.1> hängt die optimale Strategie und damit die optimale Startentscheidung folgendermaßen von den Kostenparametern ab:

Kostenbereich	Optimale Strategie/Startentscheidung
$p+q\leq h$	$S_1 : u_1 = a\cdot r-x$
$p+q>h$	$S_o : u_1 = 0$

Fall <2.2>: $\hat{r}_1+\hat{r}_2<x<\hat{r}_1+\hat{r}_2+\hat{r}_3$

In diesem Fall müssen drei Strategien berücksichtigt werden:

Strategie	Periode 1	Periode 2	Periode 3	Periode 4	.
S_1	$u_1 = \hat{r}_1-x$	$u_2 = \hat{r}_2$	$u_3 = \hat{r}_3$	$u_4 = \hat{r}_4$	.
	$x_2 = 0$	$x_3 = 0$	$x_4 = 0$	$x_5 = 0$	.
S_2	$u_1 = \hat{r}_1+\hat{r}_2-x$	$u_2 = 0$	$u_3 = \hat{r}_3$	$u_4 = \hat{r}_4$	.
	$x_2 = \hat{r}_2$	$x_3 = 0$	$x_4 = 0$	$x_5 = 0$	.
S_o	$u_1 = 0$	$u_2 = 0$	$u_3 = \hat{r}_1+\hat{r}_2+ + \hat{r}_3-x$	$u_4 = \hat{r}_4$	
	$x_2 = x-\hat{r}_1$	$x_3 = x-\hat{r}_1-\hat{r}_2$	$x_4 = 0$	$x_5 = 0$	.

Bei Strategie S_1 wird das Lager in der 1. Periode am stärksten abgebaut, nämlich auf $\hat{r}_1$. Strategie S_2 nimmt das Lager auf $\hat{r}_1+\hat{r}_2$ zurück, während bei Strategie S_o in der ersten Periode keine Produktionsänderung vorgenommen wird. Wie im Fall <2.1> läßt sich auch hier zeigen, daß Mischstrategien und weitergehende Strategien suboptimal sind. Die drei angegebenen Strategien verursachen die folgenden Kosten:

$$S_1 : K_1 = -q(\hat{r}_1-x)+p\cdot\hat{r}_2+p\cdot\hat{r}_3+C_4 \quad \text{mit} \quad C_4 = p\cdot\frac{a^4}{1-a}\cdot r$$

$$S_2 : K_2 = -q(\hat{r}_1+\hat{r}_2-x)+p\hat{r}_3+h\hat{r}_2+C_4$$

$$S_o : K_o = p(\hat{r}_1+\hat{r}_2+\hat{r}_3-x)+h(x-\hat{r}_1)+h(x-\hat{r}_1-\hat{r}_2)+C_4$$

Somit gilt:

$$K_2 - K_1 = [h-(p+q)] \cdot \hat{r}_2$$

$$K_o - K_2 = [2h-(p+q)] \cdot (x-\hat{r}_1-\hat{r}_2)$$

Weil laut Voraussetzung $\hat{r}_2 \geq 0$ und $x-\hat{r}_1-\hat{r}_2 > 0$ gilt, richtet sich also die optimale Strategie nach folgender Lage der Kostenparameter:

Kostenbereich	Optimale Strategie/Startentscheidung
$p+q \leq h$	$S_1 : u_1 = ar-x$
$h < p+q \leq 2h$	$S_2 : u_1 = ar+a^2r-x$
$p+q > 2h$	$S_o : u_1 = 0$

<u>Fall <2.n> : $\hat{r}_1+\hat{r}_2+ \ldots +\hat{r}_n<x\leq\hat{r}_1+\hat{r}_2+ \ldots +\hat{r}_{n+1}$</u>

In Analogie zu den vorhergehenden Fällen erhält man hier diese Abhängigkeit der optimalen Strategie von den Kostenparametern:

Kostenbereich	Optimale Strategie/Startentscheidung
$p+q \leq h$	$S_1 : u_1 = ar-x$
$h < p+q \leq 2h$	$S_2 : u_1 = ar+a^2r-x$
$2h < p+q \leq 3h$	$S_3 : u_1 = ar+a^2r+a^3r-x$
.	.
.	.
.	.
.	.
$(n-1)h<p+q \leq nh$	$S_n : u_1 = ar+a^2r+--+a^nr-x$
$p+q > nh$	$S_o : u_1 = 0$

Fall <3>: $x = \sum_{k=1}^{\infty} \hat{f}_k = \frac{a}{1-a} \cdot r$

In diesem Fall bleiben die Ergebnisse aus <2.n> gültig bis auf die letzte Zeile für $p+q>nh$, die fortfällt. n ist hier ein allgemeiner Laufindex mit $n = 1,2,3,\ldots$

Fall <4>: $x > \sum_{k=1}^{\infty} \hat{f}_k$

Dieser Fall unterscheidet sich prinzipiell nicht von Fall <3>. Weil der überschüssige Lagerbestand $x-\sum_{k=1}^{\infty} \hat{f}_k$ nach Lemma (5.1) ohnehin abgebaut werden muß, geschieht dies am (lager-)kostengünstigsten in der ersten Periode, so daß somit wieder dieselbe Ausgangssituation wie in <3> vorliegt.

Faßt man die Ergebnisse aus den Fällen <1> bis <4> zusammen, so ergibt sich in Abhängigkeit von Anfangslager, Anfangsnachfrage und Kostenbereich folgende DDO-Politik $U_D(x,r)$ (=optimale Startentscheidung):

Anfangsbedingungen	Kostenbereich	$U_D(x,r) := u_1$
$x \le ar$	(keine Beschränkungen)	$ar-x$
$\sum_{j=1}^{n} a^j r < x \le \sum_{j=1}^{n+1} a^j r$	$p+q \le h$	$ar-x$ (k=n=1)
	$(k-1)h < p+q \le k \cdot h$	$\sum_{j=1}^{k} a^j r-x$; (k=2,3,...,
	$p+q > nh$	0
$x > \frac{a}{1-a} r = \sum_{j=1}^{\infty} a^j r$	$p+q \le h$	$ar-x$
	$(k-1)h < p+q \le k \cdot h$	$\sum_{j=1}^{k} a^j r-x$; (k=2,3,...

Dieser Zusammenhang kann folgendermaßen umformuliert werden:

$$(5.7)\quad U_D(x,r)=\begin{cases} ar-x & \text{für } x \leq ar \\ \left.\begin{array}{ll} \sum_{j=1}^{n'} a^j r-x & \text{für } x > \sum_{j=1}^{n'} a^j r \\ 0 & \text{sonst} \end{array}\right\} & \text{für } ar < x \leq \frac{a}{1-a}\, r \\ \sum_{j=1}^{n'} a^j r-x & \text{für } x > \frac{a}{1-a}\, r \end{cases}$$

mit $n' = \left\lceil \frac{p+q}{h} \right\rceil_+$ [1)]

Die Politik in (5.7) gilt voraussetzungsgemäß für den Fall $r \geq 0$. Für $r \leq 0$ erhält man durch eine entsprechende Vorgehensweise mit Lemma (5.3) analog zu (5.7) folgende DDO-Politik:

$$(5.8)\quad U_D(x,r)=\begin{cases} ar-x & \text{für } x \geq ar \\ \left.\begin{array}{ll} \sum_{j=1}^{n''} a^j r-x & \text{für } x < \sum_{j=1}^{n''} a^j \cdot r \\ 0 & \text{sonst} \end{array}\right\} & \text{für } ar > x \geq \frac{a}{1-a}\cdot r \\ \sum_{j=1}^{n''} a^j r-x & \text{für } x < \frac{a}{1-a}\cdot r \end{cases}$$

mit $n'' = \left\lceil \frac{p+q}{v} \right\rceil_+$

---

1) $\lceil a \rceil_+$ ist definiert als kleinste ganze Zahl, die größer oder gleich a ist.

5.2.3. Die DDO-Politik bei korrelierter und unkorrelierter Nachfrage

Aus (5.7) und (5.8) läßt sich ersehen, daß die DDO-Politik bei korrelierter Nachfrage und fehlenden Fixkosten eine (t,z)-Form wie in (3.1) hat, wobei die Rückkehrpunkte von der zuletzt realisierten Nachfrage abhängen. Bezieht man die Entscheidungsregel auf eine beliebige Periode k, so lautet die DDO-Politik:

$$(5.9)\quad U_D(x_k,r_{k-1}) = \begin{cases} t_D(r_{k-1})-x_k & \text{für } x_k<t_D(r_{k-1}) \\ 0 & t_D(r_{k-1})\leq x_k\leq z_D(r_{k-1}) \\ z_D(r_{k-1})-x_k & x_k>z_D(r_{k-1}) \end{cases}$$

mit

$$(5.10)\quad t_D(r_{k-1}) = \begin{cases} \sum_{j=1}^{n''} a^j\cdot r_{k-1} & \text{für } r_{k-1}<0 \\ a\cdot r_{k-1} & r_{k-1}\geq 0 \end{cases}$$

$$(5.11)\quad z_D(r_{k-1}) = \begin{cases} a\cdot r_{k-1} & \text{für } r_{k-1}<0 \\ \sum_{j=1}^{n'} a^j\cdot r_{k-1} & r_{k-1}\geq 0 \end{cases}$$

Diese Politik kann für $r_{k-1}>0$ z. B. folgende graphische Form haben:

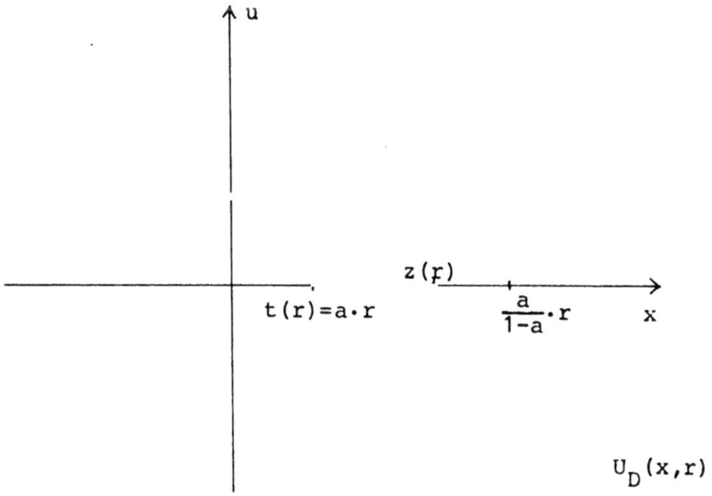

Die DDO-Politik verlangt also bei positiver Nachfrage in der Vorperiode ($r_{k-1}>0$), daß das Lager auf den Betrag der erwarteten ersten Nachfrage ($t = \hat{r}_k(k-1) = a \cdot r_{k-1}$) aufgefüllt wird, sofern es zu Beginn der Entscheidungsperiode diesen Wert unterschreitet. Wenn das Lager größer ist als die kumulierte Nachfrage der nächsten n'Perioden ($z = \sum_{i=0}^{n'-1} \hat{r}_{k+i}(k-1)$), so muß das Lager auf diesen Betrag abgebaut werden. Liegt der Lagerbestand im kritischen Bereich zwischen $t(r_{k-1})$ und $z(r_{k-1})$, dann wird keine Produktionsänderung vorgenommen. Ist die Nachfrage aus der Vorperiode negativ, so läßt sich die DDO-Politik entsprechend beschreiben.

Diese Politik hat dieselbe Struktur wie die optimale Politik für das korrelierte Modell aus (3.77), wobei allerdings die optimalen Rückkehrpunkte andere Funktionen der Vor-Nachfrage r_{k-1} sind.

Die DDO-Politik aus (5.9) birgt einen interessanten Sonderfall in sich. Wenn die Summe beider Parameter der Produktionsänderungskosten nicht größer ist als das Minimum des Lager- oder Fehlmengenkostensatzes ($p+q \leq \min[h;v]$), dann gilt : $n' = n'' = 1$. Für die Rückkehrpunkte aus (5.10) und (5.11) bedeutet das: $t_D(r_{k-1}) = z_D(r_{k-1}) = a \cdot r_{k-1}$. Somit verliert die DDO-Politik ihre (t,z)-Struktur und geht in eine Politik über, die vollständig linear in den Zustandsvariablen ist:

$$(5.12) \quad U_D(x_k, r_{k-1}) = -(x_k - a \cdot r_{k-1}) \quad \text{für } p+q \leq \min[h;v]$$

Line Sensitivitätsanalyse zeigt also, daß bei geringen Produktionsänderungskosten die beiden Rückkehrpunkte der DDO-Politik zusammenfallen, so daß es keinen kritischen Bereich ohne Produktionsänderung gibt. Das Lager wird in jedem Fall auf den Betrag der erwarteten Nachfrage ($a \cdot r_{k-1}$) gebracht. Wenn die Produktionsänderungskosten ansteigen, dann löst sich bei positiver Vor-Nachfrage der obere bzw. bei negativer Vor-Nachfrage der untere Umkehrpunkt vom anderen und der kritische Bereich wächst stufenweise an. Bei steigenden Lager- oder Fehlmengenkosten verkleinert sich dagegen der Bereich zwischen den Rückkehrpunkten.
Die Rückkehrpunkte (im Absolutwert) und der kritische Bereich sind um so größer, je stärker die Korrelation und je größer (absolut) die zuletzt realisierte Nachfrage ist. Die Ausdehnung des kritischen Bereichs ist allerdings nach oben beschränkt. Sie kann höchstens den Betrag der von Periode k+1 ab erwarteten Gesamtnachfrage ($\sum_{j=1}^{\infty} a^j \cdot r_{k-1} - a \cdot r_{k-1} = \sum_{j=1}^{\infty} \hat{r}_{k+j}(k-1) = \frac{a^2}{1-a} \cdot r_{k-1}$) annehmen.

Die DDO-Politik (5.9) gilt nur für das Modell ohne Fixkosten. Wenn Fixkosten vorliegen, so wird die Herleitung der DDO-Politik über einen Vergleich der Entscheidungsstrategien zwar wesentlich komplizierter (es gelten dann z. B. nicht mehr die Lemmata (5.2) und (5.3)), erscheint aber dennoch prinzipiell durchführbar. Diese Aufgabe konnte allerdings im Rahmen dieser Arbeit nicht mehr in Angriff genommen werden.

Die DDO-Politik für unkorrelierte Nachfrage erhält man als Sonderfall (a=0) aus der allgemeinen Politik (5.9). Für a=0 verschwinden die Rückkehrpunkte aus (5.10) und (5.11): $t_D(r_{k-1}) = z_D(r_{k-1}) = 0$. Die DDO-Politik ist also im unkorrelierten Fall nur noch vom Anfangslager abhängig und lautet:

(5.13) $U_D(x_k) = -x_k$

Die DDO-Politik schreibt hier also vor, in jeder Periode den Lagerbestand durch die Produktionsänderung gerade auf Null zu bringen. Diese Politik ergibt sich bei der deterministischen Optimierung einfach daraus, daß im unkorrelierten Fall alle Nachfrageprognosen den Wert Null haben. Somit ist immer jene Strategie optimal, die vorschreibt, in der ersten Periode das Lager auf Null zu bringen und in den weiteren Perioden gar nichts mehr zu tun. Wegen der Null-Nachfragen bleibt der Lagerbestand immer Null, so daß keine Lagerkosten anfallen. Die Kosten für die einmalige Produktionsänderung zu Beginn sind nach Lemma (5.1) ohnehin nicht zu vermeiden. Diese Strategie bleibt auch beim Auftreten von Fixkosten optimal, weil die (notwendige) einmalige Produktionsänderung auch die Fixkosten minimiert.

Die DDO-Politik (5.13) für den unkorrelierten Fall ist also im Gegensatz zu (5.9) auch dann gültig, wenn die Produktionsänderung mit Fixkosten verbunden ist. Diese Politik hat eine vollständig lineare Struktur, die unabhängig ist von den Werten der einzelnen Kosten- und Nachfrageparameter.
Die DDO-Politik bei unkorrelierter Nachfrage hat also immer die folgende Form:

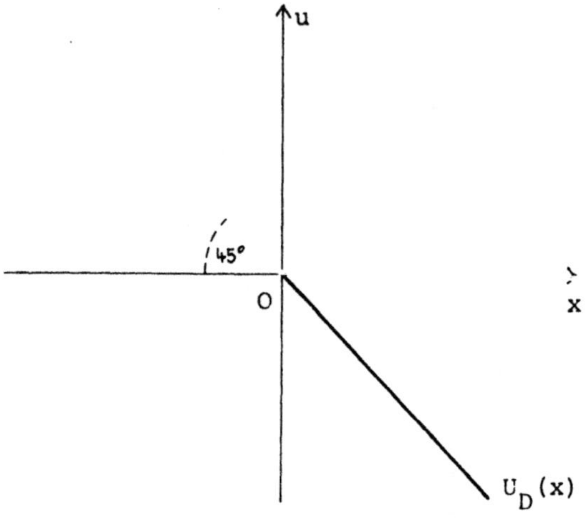

5.2.4. Die Bestimmung eines optimalen Sicherheitsbestandes

Das DDO-Verfahren vernachlässigt die Stochastik völlig, weil es nur die deterministischen Nachfrageprognosen verwendet. In Wirklichkeit wird die Nachfrage aber von diesen Prognosewerten abweichen. Diese Abweichungen lassen sich als Prognosefehler (ε) interpretieren, so daß sich die tatsächliche Nachfrage folgendermaßen zusammensetzt:

$$(5.14) \qquad r_k = \hat{r}_k + \varepsilon_k$$

Zum Schutz gegen die Prognosefehler läßt sich nachträglich ein statischer Sicherheitsbestand (SB) m in die DDO-Politik einfügen, der das Lager vor dem Auftreten zu hoher Fehlbestände schützen soll. Die DDO-Politik mit SB hat folgende Form:

$$(5.15) \qquad U_D^m(x_k, r_{k-1}) = U_D(x_k - m, r_{k-1})$$

Weil laut Modellvoraussetzungen alle Kostenparameter bekannt sind, kann der SB kostenoptimal bestimmt werden. Die Einhaltung des SB m führt nach (2.6) auf folgende Lagerhaltungskosten, die von der Realisation des Prognosefehlers abhängen:

$$(5.16) \qquad I(m-\varepsilon_k) = \begin{cases} h\cdot(m-\varepsilon_k) & \text{für } \varepsilon_k \leq m \\ -v\cdot(m-\varepsilon_k) & \varepsilon_k > m \end{cases}$$

Wenn der Prognosefehler einen stationären stochastischen Prozeß bildet, dann betragen die erwarteten durchschnittlichen Lagerhaltungskosten

$$(5.17) \quad E\{I(m-\varepsilon)\} = h\cdot\int_{-\infty}^{m}(m-\varepsilon)\cdot g(\varepsilon)d\varepsilon - v\cdot\int_{m}^{\infty}(m-\varepsilon)\cdot g(\varepsilon)d\varepsilon \; ,$$

wobei $g(\varepsilon)$ die stationäre Dichtefunktion des Prognosefehlers darstellt. Der optimale SB ist derjenige, der die Kosten in (5.17) minimiert (vgl. LENZ [21], S. 89).

Berücksichtigt man, daß für die Prognose $\hat{r}_k = a\cdot r_{k-1}$ gilt, so zeigt ein Vergleich von (5.14) mit den in (2.3) getroffenen Voraussetzungen über den Nachfrageprozeß, daß der Prognosefehler $\{\varepsilon_k\}$ einen unabhängigen, stationären Gaußrozeß bildet mit den Momenten: $E\{\varepsilon_k\} = 0$ und $Var\{\varepsilon_k\} = \sigma^2$.

Damit gilt für die Grenzverteilung: $g(\varepsilon) = \phi(\varepsilon)$ aus (2.2). Ein Vergleich mit (3.4) zeigt, daß das Kostenkriterium (5.17) gerade die erwarteten Einperioden-Lagerkosten in Abhängigkeit von m enthält:

$$(5.18) \qquad E\{I(m-\varepsilon)\} = L(m) \Rightarrow \min$$

Durch Differentiation erhält man eine notwendige Bedingung für den optimalen SB m^*, die unter Verwendung der Ergebnisse aus (3.6) folgende Form hat:

$$(5.19) \qquad \frac{dL(m)}{dm} = (h+v)\cdot\Phi(m^*) - v = 0$$

Wegen L"(m)>0 nach (3.7) ist diese Bedingung auch hinreichend. Damit gilt für den optimalen SB:

(5.20) $$m^* = \Phi^{-1}\left(\frac{v}{h+v}\right) = \sigma\cdot\Phi_s^{-1}\left(\frac{v}{h+v}\right)$$

Der optimale SB ist also ein $\frac{v}{h+v}$-Quantil der Verteilungsfunktion des Prognosefehlers. Er wird mit zunehmenden Fehlmengenkosten größer und verringert sich mit steigenden Lagerkosten. Der optimale SB verändert sich proportional mit der Standardabweichung σ der Nachfrage und ist unabhängig von der Stärke der Korrelation. Bei symmetrischen Lagerhaltungskosten (h=v) ergibt sich nach (5.20) für den optimalen SB gerade der Wert: $m^*=0$. Wenn Lager- und Fehlmengenkosten gleich groß sind, braucht also kein SB gehalten zu werden.
Nach (5.15) und (5.9) lautet somit im korrelierten Fall die DDO-Politik mit optimalem SB:

(5.21) $$U_D^*(x_k,r_{k-1}) = \begin{cases} t_D^*(r_{k-1})-x_k & \text{für} \quad x_k<t_D^*(r_{k-1}) \\ 0 & t_D^*(r_{k-1})\le x_k\le z_D^*(r_{k-1}) \\ z_D^*(r_{k-1})-x_k & x_k>z_D^+(r_{k-1}) \end{cases}$$

mit $t_D^*(r_{k-1}) = t_D(r_{k-1}) + m^*$ und $z_D^*(r_{k-1}) = z_D(r_{k-1}) + m^*$

Für $p+q\le\min[h;v]$ vereinfacht sich diese Politik zu

(5.22) $$U_D^*(x_k,r_{k-1}) = -\,(x_k-a\cdot r_{k-1}-m^*)$$

Bei unkorrelierter Nachfrage lautet die Politik entsprechend (5.13)

(5.23) $$U_D^*(x_k) = -\,(x_k-m^*)$$

5.3. Die Ermittlung der Kosten bei DDO-Politik

Um die DDO-Politik mit den anderen Entscheidungsregeln für das Produktions-Lagerhaltungs-Modell verlgeichen zu können, muß man die tatsächlichen Kosten (2.9) ermitteln, die die Anwendung dieser Näherungspolitik verursacht. Diese Kosten lassen sich in den Fällen analytisch bestimmen, in denen die DDO-Politik eine lineare Entscheidungsregel darstellt. Dies soll am Beispiel der DDO-Politik mit optimalem SB bei unkorrelierter Nachfrage verdeutlicht werden.

5.3.1. Die Kosten der DDO-Politik bei unkorrelierter Nachfrage

(5.23) zeigt, daß diese DDO-Regel der Sonderfall einer linearen Politik aus (4.23) ist, deren zugehörige Kosten in (4.5) wiedergegeben sind. Die Parameter der linearen DDO-Politik (5.23) betragen: $\kappa = -1$ und $\mu = m^*$. Damit ergeben sich aus (4.7), (4.8), (4.27) und (4.28) folgende Momente für die Grenzverteilungen:

$$\mu_u = 0 \;,\; \mu_x = m^* = \sigma \cdot \Phi_s^{-1}\left(\frac{v}{h+v}\right), \sigma_u^2 = \sigma^2 \text{ und } \sigma_x^2 = \sigma^2 \;.$$

Durch Einsetzen in (4.5) erhält man die Kosten der DDO-Politik:

$$(5.24) \qquad C_D^* = (h+v)\sigma \cdot \phi_s\left(\frac{m^*}{\sigma}\right) + \frac{p+q}{\sqrt{2\pi}} \cdot \sigma + \frac{1}{2}(P+Q)$$

$$= \frac{\sigma}{\sqrt{2\pi}}\left[(h+v) \cdot \exp\left\{-\frac{1}{2}\left(\frac{m^*}{\sigma}\right)^2\right\} + (p+q)\right] + \frac{1}{2}(P+Q)$$

mit m^* aus (5.20)

Setzt man $m^* = 0$, so erhält man die Kosten der DDO-Politik ohne SB:

$$(5.25) \qquad C_D = \frac{\sigma}{\sqrt{2\pi}}\left[h+v+p+q\right] + \frac{1}{2}(P+Q)$$

Vergleicht man diese C_D und C_D^* , so sieht man, daß die Kostenreduktion durch Einführung eines optimalen SB nur von den Lagerkostenparametern h und v abhängt,und um so größer ist, je mehr diese beiden Parameter voneinander abweichen:

$$(5.26) \qquad C_D - C_D^* = \frac{\sigma}{\sqrt{2\pi}}(h+v)\cdot\left[1-\exp\{-\frac{1}{2}[\Phi_s^{-1}(\frac{v}{h+v})]^2\}\right] \geq 0$$

Im symmetrischen Fall v=h ergibt sich gerade:

$$C_D - C_D^* = 0 \text{ bzw. } C_D = C_D^* .$$

Die Kostenformel (5.24) zeigt, daß auch für die Abhängigkeit dieser DDO-Kosten vom Niveau der Kostenparameter und der Nachfragestreuung die Sätze (3.6) und (3.7) gelten. Somit ist zum Kostenvergleich mit anderen Lösungsverfahren eine Standardisierung nach Satz (3.8) möglich.

5.3.2. Die Kosten der linearen DDO-Politik bei korrelierter Nachfrage

Für die Kostenberechnung der DDO-Politik bei korrelierter Nachfrage ist der Fall der linearen und der Fall der nichtlinearen DDO-Politik zu unterscheiden. Für den Kostenbereich $p+q \leq \min [h;v]$ zeigt Formel (5.22), daß die DDO-Politik mit SB ebenso wie im unkorrelierten Fall eine lineare Entscheidungsregel darstellt und somit eine analytische Bestimmung der zugehörigen Kosten zuläßt.
Ein Vergleich mit (4.63) verdeutlicht, daß die Parameter der linearen DDO-Politik aus (5.22) ebenfalls die Werte $\kappa = -1$ und $\mu = m^*$ haben. Das führt wiederum auf die Mittelwerte $\mu_u = 0$ und $\mu_x = m^*$. Die stationären Varianzen ergeben sich durch Einsetzen von $\kappa = -1$ in (4.60) und (4.61):

$$\sigma_x^2 = \sigma^2 \text{ und } \sigma_u^2 = \frac{1+2a-2a^3}{1-a^2} \cdot \sigma^2$$

Damit liefert (4.5) die Kosten:[1)]

$$(5.27) \quad C_D^* = \frac{\sigma}{\sqrt{2\pi}}\left[(h+v)\cdot \exp\{-\frac{1}{2}(\frac{m^*}{\sigma})^2\} + (p+q)\sqrt{\frac{1+2a-2a^3}{1-a^2}}\right]$$

Die Kosten der DDO-Politik ohne SB ($m^* = 0$) lauten:

$$(5.28) \quad C_D = \frac{\sigma}{\sqrt{2\pi}}\left[(h+v) + (p+q)\sqrt{\frac{1+2a-2a^3}{1-a^2}}\right]$$

Für die Kostendifferenz $C_D - C_D^*$ gilt auch hier die Formel (5.26). Die Kostenreduktion durch den optimalen SB ist also unabhängig von dem Ausmaß der Nachfragekorrelation.

Wegen (5.27) gelten auch hier für die allgemeine Kostenabhängigkeit die Sätze (3.3) und (3.4).

5.3.3. Die Kosten der nichtlinearen DDO-Politik bei korrelierter Nachfrage

Im Fall $p+q > \min[h;v]$ ist die DDO-Politik aus (5.21) nicht mehr durchgehend linear, so daß eine analytische Bestimmung der stationären Grenzverteilungen von Lager und Produktionsänderung nicht mehr möglich ist. Somit muß man auf eine numerische Berechnung der stationären Grenzwahrscheinlichkeiten ausweichen, indem man die Modellvariablen diskretisiert.
Der zweidimensionale Zustand $s_k = \{r_{k-1}, x_k\}$ mit $k = 1,2, \ldots$ bildet bei einer Politik der Art (5.21) einen Markovprozeß, wie schon in Kap. 3.3.1. beschrieben wurde. Bei einer Diskretisierung wie in (3.23) mit

$$x \in \{x^{(1)}, x^{(2)}, \ldots, x^{(N)}\} \text{ und } r \in \{r^{(1)}, r^{(2)}, \ldots, r^{(M)}\}$$

lauten die Übergangswahrscheinlichkeiten dieses stochastischen Prozesses:

---

1) Ebenso wie die Politik (5.22) beziehen sich diese Kosten nur auf den Fall ohne Fixkosten ($P=Q=0$).

$$(5.29)\quad p(i,l)(j,m) := \text{Prob}\{r_k=r^{(j)}, x_{k+1}=x^{(m)} \mid r_{k-1}=r^{(i)}, x_k=x^{(l)}\}$$

$$= \text{Prob}\{x_{k+1}=x^{(m)} \mid x_k=x^{(l)}, r_k=r^{(j)}, r_{k-1}=r^{(i)}\} \cdot$$

$$\cdot \text{Prob}\{r_k=r^{(j)} \mid x_k=x^{(l)}, r_{k-1}=r^{(i)}\}$$

Wegen

$$\text{Prob}\{x_{k+1}=x^{(m)} \mid x_k=x^{(l)}, r_k=r^{(j)}, r_{k-1}=r^{(i)}\} =$$

$$= \begin{cases} 1 \text{ wenn } x^{(m)} = x^{(l)} + U_D^{*}(x^{(l)}, r^{(i)}) - r^{(j)} \\ 0 \text{ wenn } x^{(m)} \neq x^{(l)} + U_D^{*}(x^{(l)}, r^{(i)}) - r^{(j)} \end{cases}$$

und weil r_k unabhängig von x_k ist, vereinfacht sich (5.29) zu

$$(5.30)\quad p_{(i,l)(j,m)} = \begin{cases} \text{Prob}\{r_k=r^{(j)} \mid r_{k-1}=r^{(i)}\} \\ \qquad \text{für } x^{(m)}=x^{(l)}+U_D^{*}(x^{(l)}, r^{(i)})-r^{(} \\ 0 \qquad \text{sonst} \end{cases}$$

Die bedingten Wahrscheinlichkeiten $\text{Prob}\{r_k=r^{(j)} \mid r_{k-1}=r^{(i)}\}$ erhält man nach (2.4) durch Diskretisierung einer bedingten Normalverteilung mit Mittelwert $a \cdot r^{(i)}$ und Varianz σ^2. Diese Diskretisierung läßt sich analog zu (3.24) durchführen.
Weil die oben definierte Markovkette ergodisch ist, lassen sich die stationären Grenzwahrscheinlichkeiten $\pi_{j,m}$ durch Lösung des folgenden bekannten Gleichungssystems ermitteln:

$$\pi_{j,m} = \sum_{i=1}^{M} \sum_{l=1}^{N} \pi_{i,l} \cdot p_{(i,l)(j,m)} \quad \text{für } j=1,...,M \text{ und } m=1,...$$

(5.31)

$$\sum_{j=1}^{M} \sum_{m=1}^{N} \pi_{j,m} = 1$$

Die erwarteten stationären Einperiodenkosten betragen analog zum eindimensionalen Fall in (3.21) für die (t,z)-förmige DDO-Politik aus (5.21):

$$(5.32)\quad K_D^*(x_k,r_{k-1}) = \begin{cases} p[t_D^*(r_{k-1})-x_k] + \mathcal{L}(t_D^*(r_{k-1}),r_{k-1}) & \text{für } x_k<t_D^*(r_{k-1}) \\ \mathcal{L}(x_k,r_{k-1}) & \text{für } t_D^*(r_{k-1})\leq x_k\leq z_D^*(r_{k-1}) \\ -q[z_D^*(r_{k-1})-x_k] + \mathcal{L}(z_D^*(r_{k-1}),r_{k-1}) & \text{für } x_k>z_D^*(r_{k-1}) \end{cases}$$

Hierbei sind $\mathcal{L}(x,r)$ die erwarteten bedingten Lagerhaltungskosten aus (3.63). Zusammen mit (3.75) und (3.5) ergibt sich hierfür:

$$(5.33)\quad \mathcal{L}(x,r) = L(x-a\cdot r) =$$

$$= (h+v)\left[(x-a\cdot r)\Phi(x-a\cdot r)+\sigma^2\cdot\phi(x-a\cdot r)\right] - v(x-a\cdot r)$$

Die Einperiodenkosten im diskreten Fall lauten

$$(5.34)\quad K_{j,m}^* := K_D^*(x^{(m)},r^{(j)})$$

Damit betragen die erwarteten Durchschnittskosten für die DDO-Politik mit optimalem SB im diskretisierten Modell:

$$(5.35)\quad \bar{C}_D^* = \sum_{j=1}^{M}\sum_{m=1}^{N} K_{j,m}^*\cdot\pi_{j,m}$$

Durch Einsetzen von $m^* = 0$ in die entsprechenden Formeln erhält man mit (5.35) die Kosten $\bar{C}_D$ für die DDO-Politik ohne Sicherheitsbestand.

Auch für die Kosten aus (5.35) gilt wie nach Satz (3.3) und (3.4), daß sie proportional dem Niveau der Kostenparameter und der Nachfragestreuung σ sind. Eine Standardisierung der Modellgrößen wie im Satz (3.5) ist also auch bei DDO-Politik im korrelierten Fall möglich.

Die Genauigkeit, mit der die numerische Kostenbestimmung durchgeführt werden kann, ist dadurch begrenzt, daß wegen der Zweidimensionalität des Zustands nur eine relativ geringe Anzahl von Lager- und Nachfragezuständen berücksichtigt werden kann. Eine Diskretisierung in N Lager- und M Nachfragewerte erfordert nach (5.31) die Lösung eines Gleichungssystems $M \cdot N$ Gleichungen und Unbekannten bzw. die Inversion einer $M \cdot N \times M \cdot N$-Matrix. Das hat zur Folge, daß im Rahmen dieser Arbeit nur eine maximale Aufteilung in N=21 Lager- und M=21 Nachfragezustände numerisch bewältigt werden konnte. Diese Aufteilung führt für die Kosten $\bar{C}_D^*$ aus (5.35) allerdings noch nicht zu Ergebnissen mit befriedigender Genauigkeit.
Dieses Problem läßt sich dadurch in den Griff bekommen, daß man die Kosten C_D^* aus (5.21) aufspaltet in die Kosten bei linearer DDO-Politik nach (5.22), die mit C_1^* bezeichnet werden sollen, und in die Kostendifferenz Δ_c, die dadurch entsteht, daß sich die tatsächliche DDO-Politik von der linearen unterscheidet, weil ein Rückkehrpunkt (bei $r_{k-1}>0$ der obere, bei $r_{k-1}<0$ der untere) vom Bestellpunkt $a \cdot r_{k-1}$ bei linearer DDO-Politik abweicht:

(5.36) $$C_D^* = C_1^* + \Delta_c$$

Die Kosten C_1^* lassen sich nach (5.27) analytisch ermitteln. Die Kostendifferenz Δ_c läßt sich numerisch annähern, indem man zusätzlich zu $\bar{C}_D^*$ aus (5.35) die entsprechenden Kosten $\bar{C}_1^*$[1] für lineare Politik bei gleicher Diskretisierung ermittelt:

(5.37) $$\bar{\Delta}_c = \bar{C}_D^* - \bar{C}_1^*$$

---

1) $\bar{C}_1^*$ sind die Kosten, die man aus (5.35) erhält, wenn man in der DDO-Politik $t_D(r_{k-1}) = z_D(r_{k-1}) = a \cdot r_{k-1}$ setzt.

Damit erhält man aus der numerischen Analyse statt $\bar{C}^*_D$ folgenden Näherungswert für die tatsächlichen Kosten C^*_D:

$$(5.38) \qquad \bar{\bar{C}}^*_D = C^*_1 + \bar{\Delta}_c$$

Die numerischen Berechnungen zeigen, daß die $\bar{\bar{C}}^*_D$-Werte mit zunehmender Anzahl von Zuständen wesentlich schneller konvergieren als die $\bar{C}^*_D$-Werte und zu einer zufriedenstellenden Genauigkeit führen (vgl. Anhang IV.3)
Die größere Genauigkeit der $\bar{\bar{C}}^*_D$-Werte ist darauf zurückzuführen, daß sich bei der Anwendung der DDO-Politik nach (5.21) mit ihrer (t,z)-Form eine gemeinsame stationäre Grenzverteilung von Lager und Nachfrage bildet, in der die Kombinationen, die auf eine von (5.22) abweichende nichtlineare Politik führen ($x>a\cdot r$ für $r\geq 0$ und $x<a\cdot r$ für $r<0$), nur mit geringer Wahrscheinlichkeit auftreten (vgl. Anhang V). Dies liegt daran, daß in der Lagerbilanzgleichung die beiden Elemente des zweidimensionalen Zustandsvektors (x_k und r_{k-1}) mit umgekehrtem Vorzeichen auftreten.
Zur Hauptsache wird also auch im Fall $p+q>\min[h;v]$ die lineare Politik (5.22) angewendet, deren Kosten C^*_1 durch C^*_D in (5.37) exakt wiedergegeben sind. Nur die Abweichung zwischen der Politik aus (5.21) und (5.22), die mit geringer Wahrscheinlichkeit belastet ist, wird durch einen numerischen Näherungswert ($\bar{\Delta}_c$) ermittelt. Dadurch reicht schon eine geringe Aufteilung des Zustandsraums aus, um über $\bar{\bar{C}}^*_D$ eine gute Näherung der minimalen Kosten C^*_D zu bekommen.

6. Vergleich der Lösungsverfahren

6.1. Verfahrensvergleich und Modellparameter

Ziel dieser Arbeit ist es, detaillierte Aussagen über die Güte linearer Entscheidungsregeln in Produktions-Lagerhaltungs-Problemen zu machen. Dazu soll das LNQ-Verfahren als optimales lineares Verfahren zunächst mit dem DDO-Näherungsverfahren und darauf mit dem gesamtoptimalen Lösungsverfahren verglichen werden. Dies erfolgt durch eine Gegenüberstellung der einzelnen Entscheidungsregeln und durch einen Vergleich der Kosten, die bei Anwendung der jeweiligen Politiken entstehen.
Bei der Untersuchung der Lösungsverfahren ist klargeworden, daß Politik und zugehörige Kosten wesentlich von den Modellparametern (Kostenparameter, Nachfrageparameter) abhängen. Für einen allgemeinen Vergleich der Ergebnisse aus allen Verfahren ist es also wichtig, den Bereich festzulegen, den die Werte der Modellparameter annehmen können.
Um einen sinnvollen Kostenvergleich zwischen den einzelnen Verfahren zu gewährleisten, wird als Maß für die Kostenabweichung jeweils die relative Kostendifferenz (in %) gewählt:

$$(6.1) \qquad D(C_x,C_y) := \frac{C_x-C_y}{C_y}\cdot 100$$

Diese Größe ist unabhängig von der absoluten Höhe der Kosten. Wegen der Geltung von Satz (3.5) und (3.8) für alle Lösungsverfahren ist somit für den Kostenvergleich nicht die absolute Höhe sondern nur das Verhältnis der Modellparameter zueinander von Bedeutung. Der Wertbereich, den diese Relationen einnehmen können, soll so gewählt werden, wie er in realen Kassenhaltungsproblemen mit täglicher Disposition auftritt, weil das Produktions-Lagerhaltungs-Modell aus Kap. 2 am direktesten als Kassenhaltungsmodell zu interpretieren ist. Im übrigen zeigt sich, daß ein solcher Wertbereich ausreicht, um alle wesentlichen Zusammenhänge zwischen Modellparametern und Kostenabweichung klären zu können.
Nach Satz (3.5) bzw. (3.8) kann ein Kostenparameter (z.B.h)

und die Standardabweichung der Nachfrage (σ) beliebig festgelegt werden.[1] Die Wahl des Wertbereichs für die übrigen Kostenparameter richtet sich weitgehend nach den Parameterangaben, von denen auch EPPEN und FAMA [7] bei ihrer Untersuchung von Kassenhaltungsproblemen ausgegangen sind.
Die Lagerkosten (h) haben im Kassenhaltungsfall die Bedeutung von Opportunitätskosten, die sich aus dem Zinsverlust für die gehaltenen Kassenbestände ergeben. Die Fehlmengenkosten (v) sind als Strafzinsen für Kassendefizite zu interpretieren. Sie sind größer als die Kosten für positive Kassenbestände und können bis zum dreifachen dieser Kosten betragen.
Zu Vergleichszwecken werden in einigen Fällen auch Kostenrelationen außerhalb dieses Bereichs untersucht.
Im Kassenhaltungsmodell sind die Produktionsänderungskosten die Kosten für die Transaktionen von Kassenbeständen in illiquide Geldanlagen bzw. umgekehrt (z.B. Maklergebühren, Börsenumsatzsteuer, etc.). Die proportionalen Transaktionskosten (p und q) machen nach EPPEN und FAMA in der Regel das doppelte bis zwanzigfache der Kassenhaltungskosten (h) aus. Andere Autoren, wie z. B. WAGNER [37], setzen diese Transferkosten niedriger an. Die fixen Transaktionskosten (P und Q) können Werte von Null bis zum Hundertfachen der mit den Kassenhaltungskosten gewichteten Nachfragestreuung ($h \cdot \sigma$) annehmen. Von einem ähnlichen Wertebereich im Kassenhaltungsfall gehen auch MILLER und ORR [25] aus, bei denen die Fixkosten im Grenzfall das Tausendfache der Nachfragestreuung betragen. Weil die Transferkosten im wesentlichen unabhängig von der Richtung der Transaktion sind, werden sie bis auf wenige Ausnahmen für positiven und negativen Geldtransfer gleichgesetzt: $p=q$ und $P=Q$.
Für den Korrelationsfaktor a (im unkorrelierten Fall : $a=0$) sind Werte ausgewählt, die den gesamten zulässigen Bereich $0 \leq a < 1$ gleichmäßig erfassen.

---

1) Allen Angaben aus dem Anhang über die absolute Höhe der Kosten und der Lösungsparameter liegt z. B. folgende Normierung zugrunde : $h=1$ und $\sigma=1$.

Die einzelnen Modellparameter können nach Normierung von h und σ folgende Werte annehmen:

$$v \in \{ 0{,}5\ h;\ h;\ 1{,}5\ h;\ 2\ h;\ 3\ h;\ 20\ h \}$$

$$p,q \in \{ 0;\ 0{,}1\ h;\ 0{,}5\ h;\ h;\ 1{,}5\ h;\ 2\ h;\ 3\ h;\ 5\ h;\ 10\ h;\ 20\ h \}$$

$$P,Q \in \{ 0;\ 0{,}1\ h\sigma;\ 0{,}5\ h\sigma,\ h\sigma;\ 10\ h\sigma;\ 100\ h\sigma \}$$

$$a \in \{ 0;\ 0{,}1\ ;\ 0{,}3;\ 0{,}5;\ 0{,}7;\ 0{,}9 \}$$

An einem Beispiel soll gezeigt werden, wie ein konkretes Kassenhaltungsproblem in diesem Wertbereich eingeordnet werden kann. Die Kosten- und Nachfrageparameter sollen folgende Werte haben:

Kassenhaltungskosten:	h = 0,3 ‰ pro Tag (≈ 10% p.a.)
Defizitkosten:	v = 0,9 ‰ pro Tag
Prop. Transferkosten:	p = q = 3 ‰ des transferierten Betrages
Fixe Transferkosten:	P = Q = 3 DM pro Transfer

Standardabweichung des täglichen Ein- und Auszahlungssaldos : σ = 10000 DM.

Hieraus ergibt sich folgende Parameterkombination:
$v = 3h;\ p = q = 10\ h;\ P = Q = h\sigma.$

6.2. Vergleich der Näherungsverfahren: LNQ- und DDO-Verfahren

6.2.1. Vergleich für unkorrelierte Nachfrage

Wie (5.13) zeigt, ist die DDO-Politik für das Produktions-Lagerhaltungs-Problem mit unkorrelierter Nachfrage der Spezialfall einer linearen Entscheidungsregel aus (4.23).

Weil die LNQ-Politik aus (4.41) gerade die optimale lineare Politik für jede Kosten- und Nachfragestruktur darstellt, kann die DDO-Politik keine bessere Approximation sein.
Das DDO-Verfahren liefert, unabhängig von den Kostenparametern, im unkorrelierten Fall eine lineare Politik mit einem Kompensationseffizient $\kappa = -1$ und einem Sicherheitsbestand $\mu = 0$. Diese Parameter sind für eine lineare Entscheidungsregel nur dann optimal, wenn keine proportionalen Produktionsänderungskosten auftreten (p=q=0) und wenn Lager- und Fehlmengenkosten gleich groß sind (h=v). In allen anderen Kostensituationen weicht die DDO-Politik von der LNQ-Politik ab, so daß die DDO-Approximation schlechter als die lineare Approximation der optimalen Politik ist. Wie groß die Kostenabweichungen zwischen beiden Verfahren in Abhängigkeit von der Konstellation der Kostenparameter sein können, zeigt für den Fall ohne Fixkosten (P=Q=0) die folgende Tabelle

Tabelle (5.1): Kostenabweichung $D(C_D, C_L^*)$ für P=Q=0 [1)]

p=q \ v	h	1,5h	2h	3h	20h
0	0	3	10	26	302
0,1h	0,4	3	9	24	291
0,5h	6	7	11	23	258
h	15	14	17	25	231
2 h	34	29	29	34	201
10 h	140	122	113	105	166
20 h	228	201	186	170	284

1) Diese und die folgenden Tabellen enthalten die relative Kostendifferenz in Prozentsätzen. Dabei sind alle Angaben bis auf die Werte unter 1 % auf ganze Prozentzahlen gerundet.

Die Tabelle zeigt, daß hohe Produktionsänderungskosten und hohe Fehlmengenkosten gleichermaßen zu einer starken Verschlechterung der DDO-Approximation führen. Mit wachsendem p und q steigt die Kostenabweichung von einer bestimmten Marke ab (die von der Höhe der Fehlmengenkosten abhängt) stetig an. Für $p=q \geq 10h$ verursacht die DDO-Politik schon doppelt so hohe Kosten wie die LNQ-Politik. Diese Verschlechterung der DDO-Approximation ist darauf zurückzuführen, daß die LNQ-Politik sich an hohe Produktionsänderungskosten im Gegensatz zur DDO-Politik durch eine verringerte Intensität der Produktionsänderung ($|\kappa^*| \searrow$) anpassen kann.

Wann die Fehlmengenkosten von den Lagerkosten abweichen ($v \neq h$), dann liegt der optimale Sicherheitsbestand für lineare Politik nicht mehr bei Null ($\mu^* \neq 0$). Somit steigen die Kosten der DDO-Approximation über diejenigen des LNQ-Näherungsverfahrens an. Für $v \geq h$ führt ein Ansteigen der Fehlmengenkosten von einem bestimmten Punkt ab (der von p und q abhängt) immer zu einem Ansteigen der Kostenabweichung. Bei extrem hohen Fehlmengenkosten von $v=20h$ kann die relative Kostendifferenz z. B. über 300 % betragen.
Der negative Einfluß solcher Unsymmetrie in den Lagerhaltungskosten auf die Güte der DDO-Approximation läßt sich abschwächen, indem man die DDO-Politik mit kostenoptimalem Sicherheitsbestand anwendet.
Die Einführung dieses Sicherheitsbestandes ändert aber, wie (5.23) zeigt, nichts an der linearen Form der DDO-Politik und somit an ihrer Suboptimalität gegenüber der LNQ-Politik. Weil sich in diesem Sicherheitsbestand nach (5.20) die Produktionsänderungskosten p und q nicht berücksichtigen lassen, kann man so den Einfluß dieser Parameter auf die Kostenabweichung nicht kompensieren. Diesen Zusammenhang, der auch in (5.26) zum Ausdruck kommt, verdeutlicht die folgende Tabelle:

Tabelle (5.2) : Kostenabweichung $D(C_D^*, C_L^*)$ für P=Q=O

p=q \ v	h	1,5h	2h	3h	20h
O	O	O	O	O	O
O,1 h	O,4	O,3	O,2	O,2	O,1
O,5 h	6	5	4	3	1
h	15	12	10	8	4
2 h	34	28	24	20	11
10 h	140	121	110	98	64
20 h	228	200	184	165	209

Bei niedrigem p und q führt die Berücksichtigung des Sicherheitsbestands beim DDO-Verfahren zu einer starken Reduktion der Kostenabweichung; für p=q=O läßt sich die Kostendifferenz sogar vollkommen beseitigen. Bei großem p und q aber ist selbst der optimale Sicherheitsbestand praktisch ohne spürbaren Nutzen für die DDO-Politik. Es zeigt sich also, daß das LNQ-Verfahren im Vergleich zum DDO-Verfahren um so besser ist, je höher die variablen Produktionsänderungskosten sind.
Weil die Nachfrage um den Mittelwert Null schwankt, hat die Streuung der Nachfrage (σ) keinen Einfluß auf die Kostenabweichung, solange keine Fixkosten der Produktionsänderung existieren (siehe Satz (4.1)). Wenn Fixkosten (P und Q) auftreten, so wirkt sich dies auf die Kosten bei beiden Verfahren

dahingehend aus, daß jeweils derselbe konstante Kostenanteil $\frac{1}{2}(P+Q)$ zu den übrigen Kosten hinzukommt. Je größer die Fixkosten sind, desto größer ist der Anteil dieses konstanten Kostensatzes an den Gesamtkosten, um so geringer ist somit die relative Kostenabweichung. Dies veranschaulicht auch die folgende Tabelle:

Tabelle (5.3) : Kostenabweichung $D(C_D^*, C_L^*)$ für v=2h

P=Q \ p=q	0,1h	h	2h	10h	20h
0	0,2	10	24	110	184
0,1hσ	0,2	10	23	108	181
0,5hσ	0,2	8	20	99	170
hσ	0,1	7	17	90	158
10 hσ	0,0	2	4	33	69
100 hσ	0,0	0,2	0,5	5	10

Wenn die Fixkosten nicht allzu groß sind, ist in den meisten Fällen noch eine starke Kostendifferenz festzustellen. Bei extrem hohen Fixkosten führen beide Verfahren etwa auf dieselben Kosten. Dies liegt daran, daß beide Näherungsverfahren sich mit ihrer Politik nicht an Fixkosten anpassen können, sondern diese Kosten in voller Höhe in Kauf nehmen müssen. Hier ist also die geringe Abweichung beider Verfahren eine Folge ihrer Unzulänglichkeit in einer solchen Kostensituation.

Aus der Aussage <2> in Kap. 4.1.2.3. folgt, daß bei linearer Politik der Einfluß steigender Standardabweichung der Nachfrage (σ) auf die Kosten genau dem Einfluß sinkender Fixkosten entspricht. Das bedeutet, daß das LNQ-Verfahren der DDO-Approximation mit wachsender Streuung der stochastischen Nachfrage zunehmend überlegen ist. Je geringer der stochastische Einfluß ist, desto besser ist das DDO-Verfahren mit seiner deterministischen Approximation der stochastischen Größen.

Bei unkorrelierter Nachfrage bietet die Anwendung linearer Entscheidungsregeln also ein besseres Näherungsverfahren für die optimale Politik als es die Trennung von Prognose und Optimierung über das DDO-Verfahren vermag. Die Tabellen zeigen, daß der Kostenvorteil des LNQ-Verfahrens für viele realistische Kostenstrukturen ganz erheblich sein kann.

6.2.2. Vergleich für korrelierte Nachfrage

Bei korrelierter Nachfrage ($a>0$) und fehlenden Fixkosten ($P=Q=0$) führt das DDO-Verfahren nach (5.9) zu einer Politik, die eine (t,z)-Struktur hat. Hier ist somit von vorneherein nicht auszuschließen, daß die DDO-Politik eine bessere Approximation liefert als die optimale lineare Entscheidungsregel.

Für niedrige proportionale Produktionsänderungskosten, d.h. genauer für $p+q \leq \min[h;v]$, ergibt sich allerdings wieder dieselbe Situation wie im unkorrelierten Fall: Die DDO-Politik ist nach (5.12) gerade eine lineare Politik, deren Parameter aber konstant sind ($\mu=0$, $\kappa=-1$) und sich somit im Gegensatz zur LNQ-Politik aus (4.63) nicht optimal den Kostenparametern anpassen können. Die DDO-Approximation ist also im Kostenbereich $p+q \leq \min[h;v]$ schlechter als die LNQ-Approximation. Das Ausmaß dieser Unterlegenheit in Abhängigkeit von der Stärke der Korrelation (a) zeigt die folgende Tabelle:

Tabelle (5.4) : Kostenabweichung $D(C_D, C_L^*)$ für P=Q=0

	v = h					v = 2h				
p=q \ a	0,1	0,3	0,5	0,7	0,9	0,1	0,3	0,5	0,7	0,9
0	0	0	0	0	0	10	10	10	10	10
0,1 h	0,4	0,4	0,3	0,2	0,1	9	9	9	9	8
0,5 h	6	5	3	2	0,8	11	10	9	7	5

Im Kostenbereich p+q≤min[h;v] wird die Kostenabweichung mit zunehmenden Produktionsänderungskosten und Fehlmengenkosten zwar größer, sie geht jedoch nicht über die entsprechenden Werte bei unkorrelierter Nachfrage hinaus. Das Auftreten der Korrelation wirkt sich vielmehr so aus, daß mit wachsender Korrelation das DDO-Verfahren der LNQ-Approximation immer weniger unterlegen ist. Eine größere Abhängigkeit der stochastischen Nachfrage von ihrer letzten Realisation wirkt sich also günstig auf die deterministische Approximation dieser Zufallsvariablen beim DDO-Verfahren aus.

Im Kostenbereich p+q>min[h;v] hat die DDO-Politik allerdings eine echte (t,z)-Struktur. Hier kann nur ein numerischer Kostenvergleich zu allgemeinen Aussagen über das Verhältnis beider Approximationen führen. Für die DDO-Politik aus (5.9) spricht in diesem Fall, daß sie in ihrer Struktur (allerdings nicht in ihren Parametern) mit der optimalen Politik aus (3.77) übereinstimmt. Ein graphischer Vergleich der beiden Näherungspolitiken zeigt, wie die lineare LNQ-Politik sich gegenüber dem stückweise linearen Verlauf der DDO-Politik verhält:

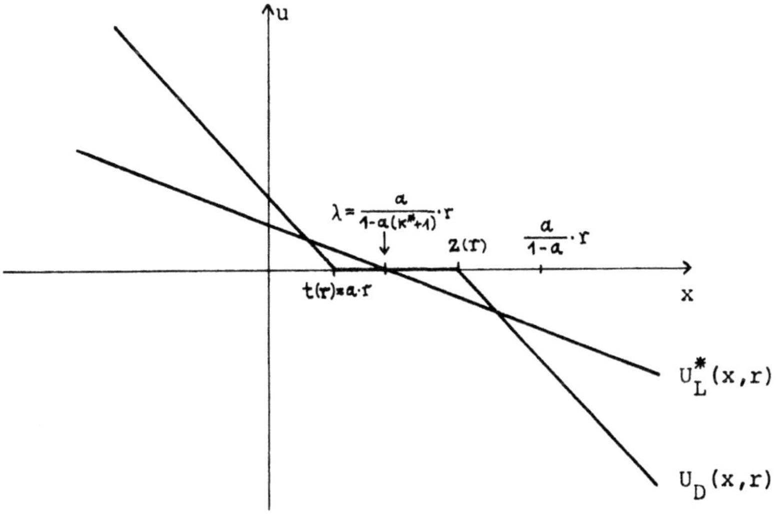

Diese Abbildung zeigt die beiden Politiken für den Fall $r>0$ und für $h=v$ ($\Rightarrow$ $\mu^*=0$), d.h. das Problem des Sicherheitsbestands bei linearer Politik tritt hier noch nicht in Erscheinung. Es stellt sich heraus, daß der Lagerpunkt $\lambda = \frac{a}{1-a(\kappa^*+1)} \cdot r$, um den die Produktion beim LNQ-Verfahren gesteuert wird, immer zwischen den Rückkehrpunkten bei der DDO-Politik liegt, sobald eine echte (t,z)-Struktur vorhanden ist. Auf steigende Produktionsänderungskosten reagiert das DDO-Verfahren mit einer Vergrößerung des kritischen Bereichs, weil sich (für $r>0$) der obere Rückkehrpunkt z nach rechts verschiebt. Beim LNQ-Verfahren wird der Lagerpunkt λ zwar ebenfalls größer, aber eine Reaktion in Form einer Einführung eines Bereichs fehlender Produktionsänderung kann nicht stattfinden. Statt dessen kommt es zu einer Rücknahme der Intensität der Produktionsänderung, indem $|\kappa^*|$ (also die Steigung der $U_L(x,r)$-Geraden) abnimmt.
Trotz der (t,z)-Struktur ist die Anpassung der DDO-Politik an die variablen Produktionsänderungskosten aber nicht so erfolgreich wie die der LNQ-Politik. Dies zeigt der numerische Kostenvergleich, der in der folgenden Tabelle zu sehen ist:

Tabelle (5.5) : Kostenabweichung $D(C_D, C_L^*)$ für P=Q=O

p=q \ a	v = h					v = 2·h				
	0,1	0,3	0,5	0,7	0,9	0,1	0,3	0,5	0,7	0,9
h	15	13	9	5	1	16	14	11	8	4
2 h	33	28	20	10	2	28	24	17	10	4
10 h	138	122	90	49	8	111	97	71	37	7
20 h	225	201	154	90	17	183	163	123	69	12

Die DDO-Approximation führt also immer auf höhere Kosten als die optimale Anwendung linearer Entscheidungsregeln. Die DDO-Politik mit (t,z)-Struktur verursacht zwar im Bereich $p+q>\min[h;v]$ niedrigere Kosten als die lineare DDO-Politik aus (5.12) (vgl. auch Anhang IV.3), diese Kosten liegen aber immer noch über denen der optimalen linearen Politik. Die Ursache dafür ist in der suboptimalen Bestimmung der Rückkehrpunkte t und z beim DDO-Verfahren zu suchen. Der kritische Bereich liegt so ungünstig, daß er selbst bei hohen Produktionsänderungskosten nur mit geringer Wahrscheinlichkeit die tatsächliche Politik beeinflußt (siehe auch Kap. 4.3.3.). Somit kommt der Vorteil der (t,z)-Struktur kaum zum Tragen, so daß die LNQ-Politik durch ihre variable Intensität der Produktionsänderung auf niedrige Kosten führt.
Der Kostenvergleich liefert im einzelnen folgende Ergebnisse:
Mit steigenden Produktionsänderungskosten p und q nimmt die Überlegenheit des LNQ-Verfahrens zu. Für p=q=20h kann die Kostenabweichung über 200% betragen. Auch für den Bereich $p+q>\min[h;v]$ zeigt sich, daß die DDO-Approximation mit steigender Korrelation der Nachfrage besser wird. Bei sehr starker

Korrelation (z.B. a=0,9) ist für jede Kombination der Kostenparameter nur noch mit einer geringen Kostenabweichung zu rechnen.
Der negative Einfluß von hohen Fehlmengenkosten auf die Güte der DDO-Politik läßt sich durch die Berücksichtigung des optimalen Sicherheitsbestands m^* aus (5.20) kompensieren. Für den Kostenbereich $p+q \leq \min[h;v]$ ist diese Kosteneinsparung nach (5.26) ebenso wie im unkorrelierten Fall unabhängig von der Höhe der Produktionsänderungskosten. Für $p+q > \min[h;v]$ nimmt die absolute Kosteneinsparung mit steigendem p und q sogar ab (siehe Anhang IX.2). Somit hat der optimale Sicherheitsbestand nur bei niedrigen Produktionsänderungskosten p und q einen spürbaren Einfluß auf die Approximationsgüte des DDO-Verfahrens. Dies bestätigt die folgende Tabelle, in der die Kostenabweichungen beim DDO-Verfahren ohne und mit Sicherheitsbestand gegenübergestellt sind:

Tabelle (5.6) : Kostenabweichung bei DDO-Politik ohne und mit optimalem Sicherheitsbestand für v=2h[1)]

	a = 0,1		a = 0,5		a = 0,9	
p=q	D	D^*	D	D^*	D	D^*
0	10	0	10	0	10	0
0,1 h	9	0,3	9	0,2	8	0,1
0,5 h	11	4	9	2	5	0,5
h	16	10	11	6	4	1
2 h	28	24	17	14	4	2
10 h	111	109	71	69	7	7
20 h	183	182	123	122	12	12

1) D und D^* haben hier folgende Bedeutung:
$D=D(C_D,C_L^*)$ und $D^*=D(C_D^*,C_L^*)$

Die DDO-Approximation ist also auch bei Berücksichtigung eines optimalen Sicherheitsbestandes der LNQ-Approximation unabhängig von Kostenstruktur und Nachfragekorrelation unterlegen. Diese Aussage gilt bei echt korrelierter Nachfrage ($a>0$) aber nur für den Fall fehlender Fixkosten ($P=Q=0$). Für den Fixkosten-Fall ist die DDO-Politik noch nicht abgeleitet worden. Die Überlegungen in Kap. 5.2.2. lassen allerdings erkennen, daß die DDO-Politik bei korrelierter Nachfrage die Fixkosten berücksichtigen wird. Weil die LNQ-Politik aus (4.63) in diesem Fall keine Anpassung an Fixkosten ermöglicht, könnte sich hier eine Überlegenheit der DDO-Approximation ergeben.

6.3. Vergleich zwischen dem LNQ-Näherungsverfahren und dem optimalen Lösungsverfahren

Im vorangegangenen Kapitel wurde gezeigt, daß im Produktions-Lagerhaltungs-Modell das optimale lineare Lösungsverfahren auf eine bessere Näherungspolitik führt als die Trennung von Prognose und dynamischer Optimierung. Nun bleibt noch zu prüfen, ob die LNQ-Politik eine zufriedenstellende Approximation der gesamtoptimalen Politik ist. Diese Frage wird im folgenden geklärt, wobei der Fall der korrelierten Nachfrage nicht berücksichtigt wird, weil dort noch keine numerischen Ergebnisse für die Parameter der optimalen Politik gewonnen werden konnten. Zunächst wird die Güte der linearen Entscheidungsregel für das Modell ohne Fixkosten untersucht.

6.3.1. Vergleich für das Modell ohne Fixkosten

Für diesen Modellfall ist die optimale lineare Politik in (4.41) wiedergegeben; die gesamtoptimale Politik hat hier nach (3.1) eine (t,z)-Struktur. Aufgrund der numerischen Ergebnisse (vgl. Anhang VII) zeigt sich folgender Zusammenhang zwischen den Parametern beider Politiken:

Der optimale Sicherheitsbestand μ^* bei LNQ-Politik liegt immer zwischen den Rückkehrpunkten t und z, wobei er näher bei demjenigen Rückkehrpunkt liegt, der den kleineren Absolutwert hat. Der Koeffizient $|\kappa^*|$, der die Intensität der Produktionsänderung bei linearer Politik angibt, ist (absolut) um so kleiner, je weiter die Rückkehrpunkte auseinander liegen.

Damit läßt sich schon aus der graphischen Darstellung ersehen, daß die optimale lineare Entscheidungsregel als Approximation der (t,z)-Politik um so schlechter ist, je größer der kritische Bereich zwischen den Umkehrpunkten t und z ist:

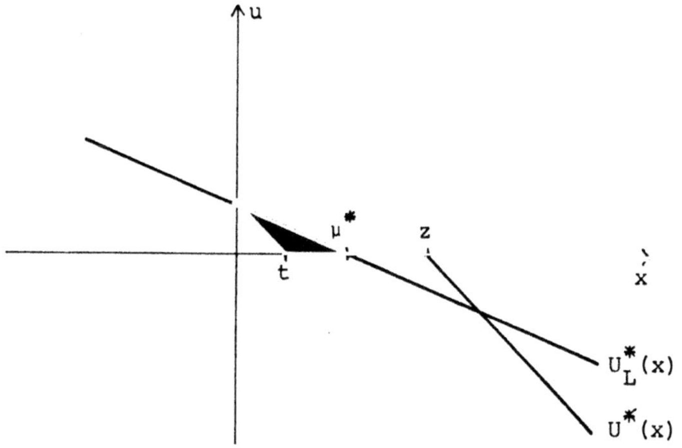

Wenn keine Produktionsänderungskosten vorliegen (p=q=0), stimmen beide Politiken gerade überein (siehe Kap. 4.1.2.3.). In dieser Kostensituation fallen beide Rückkehrpunkte mit dem Sicherheitsbestand zusammen ($t=z=\mu^*$) und die Intensität der Produktionsänderung bei LNQ-Politik erreicht ihr Maximum ($\kappa^*=-1$). Wie die Sensitivitätsanalysen zeigen, führen steigende Produktionsänderungskosten p und q dazu, daß bei der optimalen Politik ein immer größer werdender Bereich entsteht, in dem keine Produktionsänderung vorgenommen wird. Dagegen kann die LNQ-Politik wegen ihrer linearen Struktur nur mit sinkender Intensität der Produktionsänderung reagieren, so daß die Approximation mit wachsenden p und q immer schlechter wird. Die folgende Tabelle zeigt, wie dieser Zusammenhang quantitativ aussieht und welchen Einfluß die Fehlmengenkosten auf die Abweichung der LNQ-Kosten vom Kostenminimum haben.

Tabelle (5.7) : Kostenabweichung $D(C_L^*, C^*)$ für P=Q=O

p=q \ v	0,5·h	h	1,5·h	2·h	3·h
0,1 h	0,5	0,2	0,2	0,2	0,2
0,5 h	4	2	2	2	1
h	7	5	4	4	3
2 h	9	8	7	7	6
10 h	13	11	11	12	13
20 h	13	12	12	13	14

Bei niedrigen Produktionsänderungskosten ist die lineare Approximation also sehr gut. Mit steigendem p und q nimmt die Kostenabweichung, wie erwartet, zu. Dabei stellt sich heraus, daß bei einem hohen Niveau von p und q eine weitere Erhöhung dieser Kosten die relative Kostendifferenz kaum mehr beeinflußt. Dadurch liegen auch bei sehr hohen Produktionsänderungskosten p und q die LNQ-Kosten nur wenig mehr als 10% über dem absoluten Kostenminimum.

Der Einfluß der Fehlmengenkosten ist im Gegensatz zu dem der Produktionsänderungskosten kaum von Bedeutung. Bei kleinen p und q führen steigende Fehlmengenkosten v zu einer geringen

Verminderung der Kostenabweichung, bei größerem p und q können sie ein Ansteigen der Abweichung bewirken.
Diese Ergebnisse zeigen also, daß die optimale lineare Entscheidungsregel eine recht gute Approximation der gesamtoptimalen Politik darstellt, sofern keine Fixkosten der Produktionsänderung vorliegen.

6.3.2. Vergleich für das Modell mit Fixkosten bei einfacher LNQ-Politik

Wenn Fixkosten auftreten, wird die einfache lineare Approximation durch die LNQ-Politik (4.41) problematischer. Die Fixkosten bewirken, daß bei der optimalen Politik zu den Rückkehrpunkten zusätzlich Interventionspunkte hinzukommen, so daß sich (unter den in Kap. 3.2.1. erwähnten Vorbehalten) eine (t,T,Z,z)-Struktur wie in (3.29) ergibt. Die einfache LNQ-Politik hat dagegen keine Möglichkeit, auf Fixkosten zu reagieren, und muß somit stärker von der optimalen Politik abweichen:

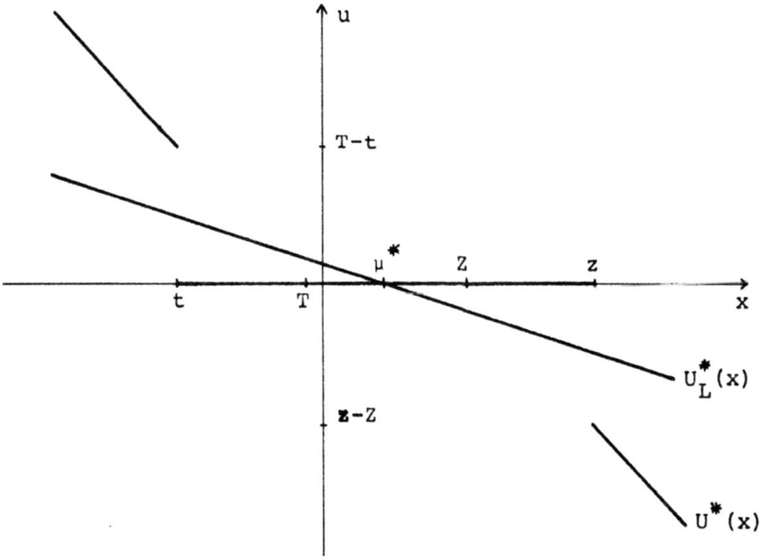

Steigende Fixkosten wirken sich sogar in doppelter Weise negativ auf die lineare Approximation der optimalen Politik aus: Zum einen dadurch, daß der kritische Bereich ohne Produktionsänderung größer wird (t↘, z↗) und zum anderen dadurch, daß die Intervalle zwischen jeweiligem Rückkehr- und Interventionspunkt anwachsen ((T-t)↗, (z-Z)↗).
Einen genauen Eindruck von der Auswirkung der Fixkosten auf die Approximationsgüte vermitteln die folgenden Tabellen:

Tabelle (5.8) : Kostenabweichung $D(C_L^*, C^*)$ für v=h

P=Q \ p=q	0	h	5·h	10·h
0	0	5	10	11
0,1·h·σ	3	9	13	14
0,5·h·σ	24	28	26	24
h·σ	51	52	43	37
10·h·σ	412	387	310	258
100·h·σ	2243	2195	2012	1836

Tabelle (5.9) : Kostenabweichung $D(C_L^*, C^*)$ für v=3h

P=Q \ p=q	0	h	5·h	10·h
0	0	3	10	13
0,1·h·σ	1	6	12	14
0,5·h·σ	13	18	22	22
h·σ	31	34	34	32
10·h·σ	286	274	232	200
[illegible]	[illegible]	1608	1499	1387

Diese Ergebnisse lassen erkennen: Die Fixkosten haben einen dominierenden Einfluß auf die Höhe der Kostenabweichung des linearen Verfahrens. Nach Satz (3.8) müssen die Fixkosten im Verhältnis zum Produkt aus Nachfragestreuung und Lagerkostenparameter ($h \cdot \sigma$) gesehen werden. Ist dieses Verhältnis kleiner als $\frac{1}{2}$, dann läßt sich die lineare Approximation noch als diskutabel bezeichnen, weil ihre Kosten nicht mehr als 30% über dem Minimum liegen. Sind die Fixkosten größer, dann ist die LNQ-Politik sehr kritisch zu beurteilen. Bei hohen Fixkosten kommt sie als Approximation schließlich gar nicht mehr in Frage. So können für $P=Q=100h\sigma$ die LNQ-Kosten das Zwanzigfache der minimalen Kosten betragen.

Gegenüber der starken Wirkung der Fixkosten ist der Einfluß der anderen Kostenparameter nur unbedeutend. Steigende Fehlmengenkosten führen meist (d.h. außer bei sehr niedrigen fixen und hohen proportionalen Produktionsänderungskosten) zu einer Verminderung der Kostenabweichung. Der Einfluß der proportionalen Produktionsänderungskosten ist im Gegensatz zur Situation ohne Fixkosten nicht monoton.

Wachsende Kosten p und q führen bei niedrigen Fixkosten zu einem Ansteigen der Kostendifferenz, während sie bei hohen Fixkosten einen Rückgang der Kostenabweichung verursachen können. Der Einfluß der Fixkosten bleibt aber in allen Fällen dominierend.

Im Fixkosten-Fall hat auch die Höhe der Nachfragestreuung eine Bedeutung für die Güte der linearen Politik. Nach Satz (3.6) und Satz (4.1) ist der Einfluß der Standardabweichung σ auf die Kosten dem Einfluß der Fixkosten gerade entgegengesetzt. Eine steigende Variabilität der Nachfrage führt also auf eine niedrigere Kostenabweichung und begünstigt somit die Güte der linearen Approximation.

Die einfache LNQ-Politik kann also beim Auftreten von Fixkosten sehr weit vom Optimum wegführen. Es bleibt noch zu untersuchen, ob dieses Problem dadurch gelöst werden kann, daß die lineare Entscheidungsregel durch die Wahl der Länge des Entscheidungszyklus gegenüber den Fixkosten flexibler gemacht wird.

6.3.3. Vergleich für das Modell mit Fixkosten bei LNQ-Politik mit variablem Entscheidungszyklus

Wenn man die lineare Entscheidungsregel dadurch verallgemeinert, daß man wie in (4.76) den Entscheidungszeitraum variabel gestaltet und seine Länge bezüglich der Fixkosten optimal bestimmt, so ist zu erwarten, daß hierdurch der negative Einfluß der Fixkosten auf die Güte der linearen Approximation abgeschwächt werden kann.
Eine Untersuchung für den Fall symmetrischer Lagerkosten (v=h) führt zu dem Ergebnis, daß die erweiterte LNQ-Politik in zweierlei Hinsicht auf steigende Fixkosten reagiert (vgl. Anhang VIII). Zum einen werden mehr Zeitperioden in den Entscheidungszyklus hineingenommen ($n^* \nearrow$), so daß sich die Häufigkeit des Auftretens von Fixkosten verringert; zum anderen wird die Intensität der linearen Produktionsänderung stärker ($|\kappa^*| \nearrow$).
Hierbei zeigt sich allerdings, daß die optimale Zykluslänge bei linearer Politik (n^*) jeweils unter der Länge des durchschnittlichen Entscheidungszeitraums ($\bar{n}$) bei optimaler (t,T,Z,z)-Politik liegt. Dieser mittlere Entscheidungszyklus $\bar{n}$ ist umgekehrt proportional der Wahrscheinlichkeit, daß sich das stationäre Lager (x) außerhalb des kritischen Bereichs zwischen den Interventionspunkten befindet: $\bar{n} = 1/(1-\text{Prob}\{t \leq x \leq z\})$. Im einzelnen führt ein Vergleich zu folgenden Ergebnissen:

Tabelle (5.10) :

Optimale Zykluslänge n^* bei linearer Politik

P=Q \ p=q	0	h	10h
0,1 hσ	1	1	3
hσ	3	4	8
10 hσ	12	13	20
100 hσ	52	54	63

Tabelle (5.11) :

Durchschnittliche Zykluslänge $\bar{n}$ bei optimaler (t,T,Z,z)-Politik

P=Q \ p=q	0	h	10h
0,1 hσ	2	3	8
hσ	4	6	13
10 hσ	16	19	31
100 hσ	72	73	88

Die geringere Zykluslänge bei LNQ-Politik ist darauf zurückzuführen, daß diese lineare Politik wegen ihres starren Schemas (während n-1 Perioden im Entscheidungszyklus darf nicht in den Lagerprozeß eingegriffen werden) stärkeren Lagerschwankungen während eines Zyklus ausgesetzt ist und sich somit nicht so lange Entscheidungszyklen erlauben kann wie die in jeder Periode reaktionsbereite (t,T,Z,z)-Politik. Die stärkere Streuung des Lagers ist auch der Grund für die zunehmende Intensität der linearen Produktionsänderung bei längeren Entscheidungszyklen.
Ein Kostenvergleich zeigt schließlich, daß die LNQ-Politik unter Berücksichtigung eines optimalen Entscheidungszyklus tatsächlich in der Lage ist, den auftretenden Fixkosten sehr wirksam zu begegnen. Die größte Kostenabweichung für die einfache LNQ-Politik ergab sich im Fall symmetrischer Lagerkosten (v=h). Diese Ergebnisse sind in Tabelle (5.12) noch einmal im wesentlichen dargestellt. Tabelle (5.13) zeigt

1) Die Werte für $\bar{n}$ sind auf ganze Zahlen gerundet.

demgegenüber die entsprechende Kostenabweichung für die LNQ-Politik mit optimalem Entscheidungszyklus.

Tabelle (5.12) :

Kostenabweichung $D(C_L^*, C^*)$ für v=h

p=q / P=Q	0	h	10h
0,1 hσ	3	9	14
hσ	51	52	37
10 hσ	412	387	258
100 hσ	2243	2195	1836

Tabelle (5.13) :

Kostenabweichung $D(C_z^*, C^*)$ für v=h

p=q / p=Q	0	h	10h
0,1 hσ	3	9	12
hσ	21	17	14
10 hσ	32	28	19
100 hσ	34	34	28

Die Einführung eines optimalen Entscheidungszyklus in die lineare Politik führt zu einer enormen Kostenreduktion, wie ein Vergleich zwischen beiden Tabellen zeigt. Die Kostenabweichung steigt bei einer solchen LNQ-Politik mit wachsenden Fixkosten immer weniger an und geht selbst bei extrem hohen Fixkosten kaum über 30% hinaus.

Die optimale lineare Entscheidungsregel stellt also auch bei Fixkosten von beliebiger Höhe eine durchaus diskutable Näherungspolitik dar, wenn man vom starren periodenweisen Entscheidungsverfahren abgeht und statt dessen einen optimalen Entscheidungszyklus bestimmt.

6.4. Zusammenfassende Beurteilung

Für eine Klasse von stochastischen dynamischen Produktions-Lagerhaltungs-Problemen mit stückweise linearen Kosten stellt sich die Anwendung linearer Entscheidungsregeln in ihrer optimalen Form als einfaches und brauchbares Verfahren zur Approximation der optimalen Politik heraus.
Die Herleitung linearer Entscheidungsregeln nach dem bekannten HMMS-Verfahren ist bei nichtquadratischen Kostenverläufen nicht optimal. Das LNQ-Verfahren liefert unter Ausnutzung der dynamischen Sicherheitsäquivalente die beste lineare Politik; diese kann der HMMS-Politik weit überlegen sein. Dennoch ist auch das LNQ-Verfahren nur ein Näherungsverfahren für die gesamtoptimale Politik.
Im Vergleich zum üblichen Näherungsverfahren der direkten Trennung von Prognose und Optimierung erweist sich das LNQ-Verfahren eindeutig als überlegen. Im Fall quadratischer Kosten sind beide Verfahren identisch und führen auf die optimale Politik. Für die realistischeren nichtquadratischen Kostenverläufe erweist sich die Beschränkung auf lineare Politiken als nicht so gravierend wie die Vernachlässigung der stoachstischen Zusammenhänge durch die Benutzung deterministischer Nachfrageprognosen bei der dynamischen Optimierung.
So verhilft die Anwendbarkeit dynamischer Sicherheitsäquivalente dem LNQ-Verfahren trotz der beschränkten Anpassungsmöglichkeiten der linearen Politik an die einzelnen Kostenstrukturen zu einem Vorteil gegenüber dem DDO-Verfahren mit seiner unzulässigen Verwendung der Sicherheitsäquivalente.
Die Überlegenheit der linearen Entscheidungsregel bleibt auch dann erhalten, wenn in die DDO-Politik ein optimaler Sicherheitsbestand eingefügt wird. Für den Fall des autoregressiven Nachfrageprozesses ist die DDO-Politik im Fixkosten-Modell noch nicht hergeleitet worden. Hier ist nicht auszuschließen, daß das DDO-Verfahren die bessere Approximation liefert. Weil die LNQ-Politik sich aber durch Einführung eines variablen Entscheidungszyklus analog zum unkorrelierten Fall an Fixkosten

anpassen läßt, ist auch hier nicht damit zu rechnen, daß die lineare Entscheidungsregel in ihrer Approximationsgüte hinter der DDO-Politik zurückbleibt. Somit zeigt sich, daß das LNQ-Verfahren durchaus mit den anderen gebräuchlichen Näherungsverfahren der deterministischen Optimierung konkurrieren kann.

Die gesamtoptimale Politik für das zugrunde liegende Produktions-Lagerhaltungs-Problem läßt sich nur über das aufwendige Verfahren der stochastischen dynamischen Optimierung ermitteln. Ein Vergleich der LNQ-Politik mit dieser optimalen Entscheidungsregel zeigt für den Fall unkorrelierter Nachfrage, daß die optimale lineare Entscheidungsregel eine durchaus brauchbare Approximation darstellt. Solange nicht Fixkosten der Produktionsänderung zu berücksichtigen sind, liegen die Kosten der linearen Politik auch im ungünstigsten Fall kaum mehr als 10% über dem absoluten Kostenminimum. Treten Fixkosten auf, so läßt sich die LNQ-Politik nur dann als sinnvolle Näherung aufrechterhalten, wenn man die lineare Politik in einen vorgegebenen mehrperiodigen Entscheidungszyklus einbezieht und die Länge dieses Zyklus optimal bestimmt. Unter diesen Bedingungen ist das LNQ-Verfahren höchstens 30% - 40% schlechter als das optimale Lösungsverfahren.

Für den Fall korrelierter Nachfrage konnte die Suboptimalität linearer Entscheidungsregeln noch nicht quantitativ nachgeprüft werden, weil hier exakte Aussagen über die Parameter und Kosten der optimalen Politik fehlen. Für das Modell ohne Fixkosten konnte allerdings gezeigt werden, daß die Struktur der optimalen Politik im Prinzip dieselbe ist wie im unkorrelierten Fall, mit der Ergänzung, daß die Parameter dieser Politik von der Höhe der Korrelation und von der letzten realisierten Nachfrage abhängen. Weil eben dies auch für die LNQ-Politik bei korrelierter Nachfrage gilt, läßt sich vermuten, daß sich in der Kostenabweichung keine bedeutenden Unterschiede zum unkorrelierten Fall ergeben.

Somit stellt die Anwendung linearer Entscheidungsregeln nach dem LNQ-Verfahren für das geschilderte Produktions-Lagerhaltungs-Modell eine Näherungsmethode dar, die in vielen Fällen zu sehr guten Ergebnissen führt und auch unter ungünstigsten Bedingungen noch brauchbare Resultate liefert.

7. Schlußbemerkung

Die hier abgeleiteten Aussagen über die Güte linearer Entscheidungsregeln gelten zwar exakt nur für die in Kapitel 2. definierte Klasse von Produktions-Lagerhaltungs-Modellen, sie haben aber in ihrer qualitativen Form dennoch allgemeinere Bedeutung. Der Spielraum der zulässigen Nachfrage- und Kostenstrukturen in der behandelten Modellklasse gibt den Ergebnissen der Untersuchung schon ein gewisses Gewicht für den Produktions-Lagerhaltungs-Bereich. Aber auch für allgemeinere Modellannahmen läßt sich die optimale lineare Entscheidungsregel nach den LNQ-Verfahren bestimmen und zur sinnvollen Approximation benutzen.

So ist das LNQ-Verfahren nach dem in Kapitel 4. geschilderten Ansatz nicht nur auf stückweise lineare Kostenverläufe mit fixen Bestandteilen beschränkt, sondern läßt sich für jede beliebige stationäre Kostenstruktur (z.B. fixe Fehlmengenkosten, Staffelkosten der Produktionsänderung) anwenden. Weiter kann das LNQ-Verfahren auch bei autoregressiven Nachfrageprozessen höherer Ordnung und bei Moving-Average-Prozessen eingesetzt werden, sofern ein stationärer Gaußprozeß zugrunde liegt (siehe REDTSTÜCK [11]). Wegen der erwiesenen Anpassungsfähigkeit der LNQ-Politik an so unterschiedliche Kostenformen wie proportionale und fixe Kosten und wegen ihrer Anpassungsmöglichkeit an kompliziertere Korrelationsstrukturen der Nachfrage ist nicht zu vermuten, daß sich die Güte linearer Entscheidungsregeln für die beschriebenen Modellerweiterungen wesentlich ändert. Dazu ist in diesen Fällen die optimale Politik oft gar nicht mehr zu ermitteln, während sich die Parameter der LNQ-Politik wenigstens numerisch bestimmen lassen.

Eine wesentliche Voraussetzung für die Anwendbarkeit des LNQ-Verfahrens ist allerdings, daß die stochastische Nachfrage auf einem Gaußprozeß beruht. Diese Annahme ist allerdings nicht allzu restriktiv, weil sich in der Praxis viele Zeitreihen auf einen solchen Prozeß zurückführen lassen, wie BOX und JENKINS [3] gezeigt haben. Wo diese Voraussetzung nicht gegeben ist, läßt sich die Normalverteilung nur als Approximation der tatsächlichen Nachfrageverteilung benutzen. Hier stellt die LNQ-Politik nur eine Näherung der optimalen linearen Politik dar, die aber auch zu sehr guten Ergebnissen führen kann [18].

Auf die einschränkende Annahme eines unendlichen Planungshorizonts läßt sich bei der Ableitung der LNQ-Politik ebenfalls nicht verzichten. Aber auch hiervon dürfte die Gültigkeit der Aussagen über die Güte dieser Politik nicht zu sehr beeinträchtigt sein, weil in vielen Fällen Probleme mit einer großen Anzahl von Zeitperioden oder mit nur willkürlich bestimmbarem Planungszeitraum durch Modelle mit unendlich vielen Perioden beschrieben werden. Darüber hinaus zeigt sich, daß der stationäre Zustand des Produktions-Lagerhaltungs-Systems gewöhnlich schon nach wenigen Perioden erreicht ist.

Mehrere Forschungsarbeiten deuten darauf hin, daß die grundlegenden Aussagen zur Güte linearer Entscheidungsregeln nicht nur für Produktions-Lagerhaltungs-Probleme, sondern auch für benachbarte Entscheidungsprobleme Gültigkeit haben. So geht aus der Untersuchung eines Produktionsglättungsmodells mit unkorreliertem Gauß-Nachfrageprozeß und proportionalen Kosten durch MEYER und MUIJEN [24] hervor, daß die Suboptimalität der linearen Politik sich dort in einem ähnlichen Rahmen bewegt wie im

Produktions-Lagerhaltungsfall. Im reinen Lagerhaltungsmodell mit ausschließlich proportionalen Bestellkosten (∿ Produktionsänderungskosten) erweist sich die LNQ-Politik als sehr gute Approximation, wenn die stochastische Nachfrage betaverteilt ist (siehe JÄGER [18]). Dies ist zwar insofern nicht verwunderlich als die optimale Politik in diesem Lagerhaltungsfall eine sog. (S,S)-Form und damit eine lineare Struktur hat, zeigt aber, daß der approximative Gebrauch der Normalverteilung durch das LNQ-Verfahren kaum Nachteile mit sich bringt. Auch im Lagerhaltungsmodell mit Fixkosten läßt sich die optimale (s,S)-Politik noch befriedigend durch die LNQ-Politik annähern, wenn man wie im Produktions-Lagerhaltungs-Modell einen optimalen Entscheidungszyklus für die lineare Politik bestimmt (siehe SCHNEIDER [34]).

Somit zeigt sich, daß die lineare Entscheidungsregel nach dem LNQ-Verfahren für viele stochastische dynamische Entscheidungsprobleme durchaus in Betracht zu ziehen ist, wenn es um die Bestimmung einer sinnvollen Näherungspolitik geht.

A N H A N G

Anhang I: Flußdiagramm des Iterationsverfahrens zur Bestimmung der Parameter der (t,z)-Politik

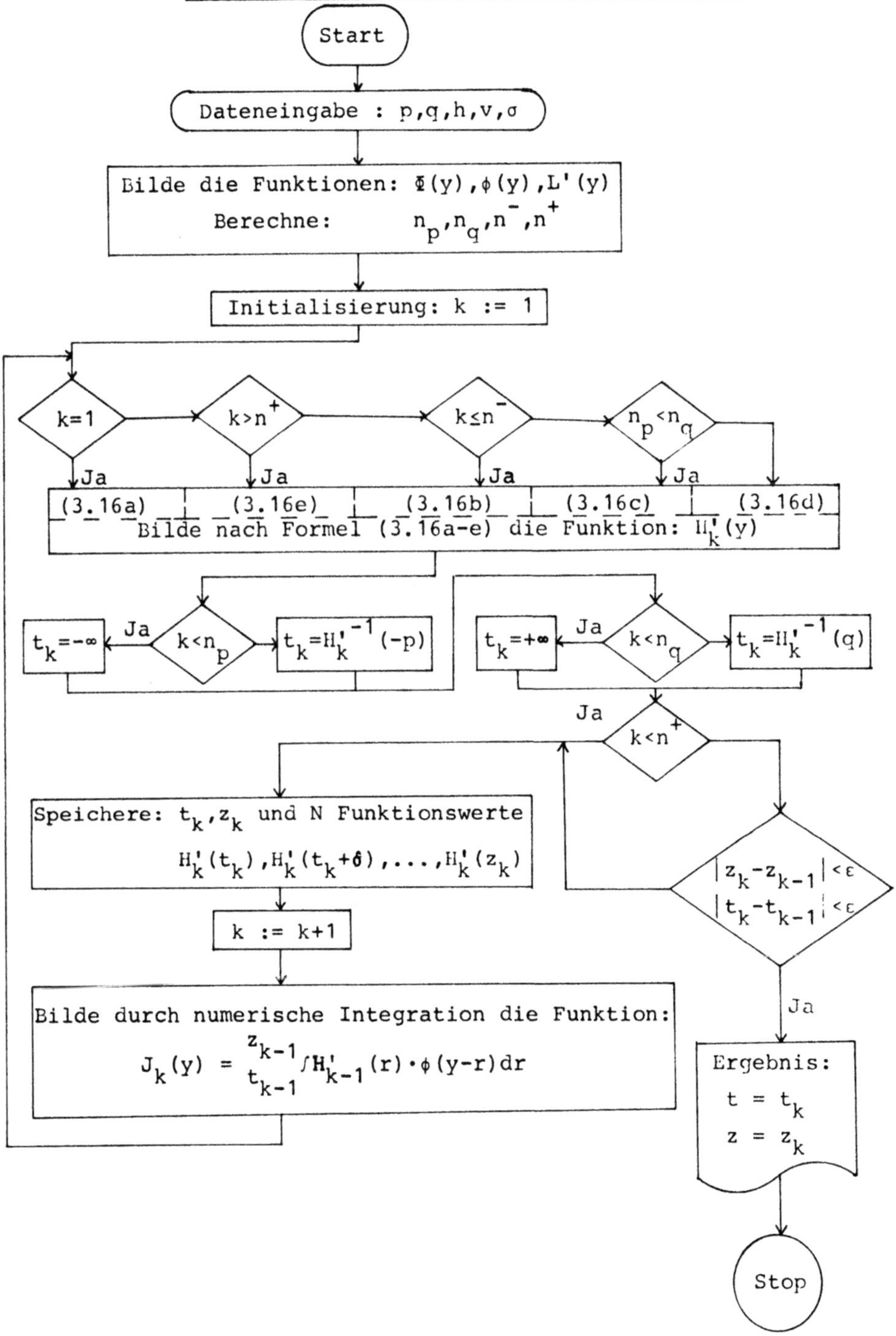

Anhang II: ALGOL-Quellenprogramm zur Ermittlung der Parameter der (t,T,Z,z)-Politik

```
PROGRAMM ZUR BERECHNUNG DER PARAMETER DER (T,TT,ZZ,Z)-POLITIK IM
STOCHASTISCHEN DYNAMISCHEN PRODUKTIONS-LAGERHALTUNGS-MODELL
*****************************************************************

≠BEGIN≠
≠INTEGER≠  M;
INPUT(60,≠(≠≠)≠,M);
≠COMMENT≠   M : ANZAHL DER STUETZSTELLEN ZUR NUM. INTEGRATION ;

≠BEGIN≠
≠REAL≠      H,V,SR,PVAR,QVAR,PFIX,QFIX,HPLUSV,EPS,GEN,UNEND,
            UG,OG,T1,T2,TT1,TT2,Z1,Z2,ZZ1,ZZ2,TZ,DELTA,A1,A2,
            B1,B2,C1,C2,D1,D2:
≠INTEGER≠   N,NP,NQ,NMINUS,NPLUS,I,ZAHL;
≠BOOLEAN≠   SYMM:
≠ARRAY≠     FH1,FH2,FHS1,FHS2[0..M];

≠REAL≠ ≠PROCEDURE≠      NORMAL(X);
≠COMMENT≠    VERTEILUNGSFUNKTION DER NORMALVERTEILUNG (0,SR)   ;
≠VALUE≠      X:
≠REAL≠       X;
≠BEGIN≠
  ≠REAL≠        A,B,C,D;
  ≠COMMENT≠     GLOBAL: SR;
  A.=ABS(X/SR):  B.=1/(1+.2316419*A):  C.=.3989423*EXP(-A*A/2):
  D.=C*B*((((1.330274*B-1.821256)*B+1.781478)*B-.3565638)*B
     +.3193815);
   NORMAL.= ≠IF≠ X≤0 ≠THEN≠ D ≠ELSE≠ 1-D;
≠END≠                   NORMAL:

≠REAL≠ ≠PROCEDURE≠      H1(X):
≠VALUE≠      X:
≠REAL≠       X:
≠BEGIN≠
  ≠REAL≠        A:
  ≠COMMENT≠     GLOBAL: HPLUSV,V,SR:
  A.=X/SR:
  H1.=HPLUSV*(X*NORMAL(X)+.3989423*EXP(-A*A/2))-V*X:
≠END≠                  H1;

≠REAL≠ ≠PROCEDURE≠      HS1(X):
≠VALUE≠      X:
≠REAL≠       X:
≠BEGIN≠
  ≠COMMENT≠    GLOBAL: HPLUSV,V:
  HS1.=HPLUSV*NORMAL(X)-V:
≠END≠                 HS1:
```

```
≠REAL≠ ≠PROCEDURE≠     HS1P(X);
≠VALUE≠       X;
≠REAL≠        X;
≠BEGIN≠
  ≠COMMENT≠   GLOBAL: HPLUSV,V,PVAR;
  HS1P.=HPLUSV*NORMAL(X)-V+PVAR;
≠END≠                  HS1P;

≠REAL≠ ≠PROCEDURE≠     HS1Q(X);
≠VALUE≠       X;
≠REAL≠        X;
≠BEGIN≠
  ≠COMMENT≠   GLOBAL: HPLUSV,V,QVAR;
  HS1Q.=HPLUSV*NORMAL(X)-V-QVAR;
≠END≠                  HS1Q;

≠REAL≠ ≠PROCEDURE≠     H1T(X);
≠VALUE≠       X;
≠REAL≠        X;
≠BEGIN≠
  ≠COMMENT≠   GLOBAL: PVAR,A1;
  H1T.=H1(X)+PVAR*X-A1;
≠END≠                  H1T;

≠REAL≠ ≠PROCEDURE≠     H1Z(X);
≠VALUE≠       X;
≠REAL≠        X;
≠BEGIN≠
  ≠COMMENT≠   GLOBAL: QVAR,B1;
  H1Z.=H1(X)-QVAR*X-B1;
≠END≠                  H1Z;

≠REAL≠ ≠PROCEDURE≠     INTEGRAL(X,T,Z,DD);
≠COMMENT≠     NUMERISCHE INTEGRATION NACH DER SIMPSON-REGEL;
≠VALUE≠       X,T,Z;
≠REAL≠        X,T,Z;
≠ARRAY≠       DD;
≠BEGIN≠
  ≠INTEGER≠   I;
  ≠REAL≠      A,B,C,D,E;
  ≠COMMENT≠   GLOBAL: SR,M,DD[0:M] (FUNKTIONSWERTE);
  A.=(T-Z)/M/SR;   B.=(X-T)/SR;   C.=B-A;   D.=E.=0;
  ≠FOR≠ I.=1 ≠STEP≠ 2 ≠UNTIL≠ M-1 ≠DO≠
  ≠BEGIN≠ C.=C+2*A;   D.=D+DD[I]*EXP(-C*C/2);   ≠END≠;
  D.=4*D;   C.=B;
  ≠FOR≠ I.=2 ≠STEP≠ 2 ≠UNTIL≠ M-2 ≠DO≠
  ≠BEGIN≠ C.=C+2*A;   E.=E+DD[I]*EXP(-C*C/2);   ≠END≠;
  E.=2*E;   C.=(X-Z)/SR;
  D.=D+E+DD[0]*EXP(-B*B/2)+DD[M]*EXP(-C*C/2);
  INTEGRAL.=-A*D*0.1329808;
≠END≠                  INTEGRAL;
```

```
≠REAL≠ ≠PROCEDURE≠     H2(X);
≠VALUE≠      X:
≠REAL≠       X;
≠BEGIN≠
  ≠REAL≠        A,B,C,D,F;
  ≠COMMENT≠    GLOBAL: HPLUSV,V,SR,PVAR,QVAR,T1,Z1,C1,D1,FH1;
  A.=X/SR:  B.=X-T1;  C.=X-Z1:  D.=B/SR:  F.=C/SR;
  H2.=HPLUSV*(X*NORMAL(X)+.3989423*SR*EXP(-A*A/2))-V*X+(C1-PVAR*B)
      *(1-NORMAL(B)) + (D1+QVAR*C)*NORMAL(C) + PVAR*.3989423
      *SR*EXP(-D*D/2) + QVAR*.3989423*SR*EXP(-F*F/2)
      + INTEGRAL(X,T1,Z1,FH1);
≠END≠                     H2:

≠REAL≠ ≠PROCEDURE≠     HS2P(X):
≠VALUE≠      X:
≠REAL≠       X:
≠BEGIN≠
  ≠REAL≠        A,B;
  ≠COMMENT≠    GLOBAL: HPLUSV,V,PVAR,QVAR,T1,Z1,FHS1:
  A.=X-T1;   B.=X-Z1;
  HS2P.=HPLUSV*NORMAL(X) - V + PVAR*NORMAL(A) + QVAR*NORMAL(B)+
        INTEGRAL(X,T1,Z1,FHS1);
≠END≠                     HS2P;

≠REAL≠ ≠PROCEDURE≠     HS2Q(X):
≠VALUE≠      X:
≠REAL≠       X:
≠BEGIN≠
  ≠REAL≠        A,B;
  ≠COMMENT≠    GLOBAL: HPLUSV,V,PVAR,QVAR,T1,Z1,FHS1:
  A.=X-T1:   B.=X-Z1;
  HS2Q.=HPLUSV*NORMAL(X) - V + PVAR*NORMAL(A) + QVAR*NORMAL(B) +
        INTEGRAL(X,T1,Z1,FHS1) - PVAR - QVAR;
≠END≠                     HS2Q;

≠REAL≠ ≠PROCEDURE≠     H2T(X);
≠VALUE≠      X;
≠REAL≠       X:
≠BEGIN≠
  ≠COMMENT≠    GLOBAL: PVAR,A2:
  H2T.=H2(X)+PVAR*X-A2:
≠END≠                     H2T:

≠REAL≠ ≠PROCEDURE≠     H2Z(X);
≠VALUE≠      X:
≠REAL≠       X;
≠BEGIN≠
  ≠COMMENT≠    GLOBAL: QVAR,B2:
  H2Z.=H2(X)-QVAR*X-B2:
≠END≠                     H2Z;
```

```
≠PROCEDURE≠              REGFAL(X1,X2,EPS,F,IRR,X);
≠COMMENT≠    NULLSTELLENSUCHE NACH REGULA FALSI;
≠VALUE≠      X1,X2,EPS;
≠REAL≠       X1,X2,EPS,X;
≠REAL≠ ≠PROCEDURE≠    F;
≠LABEL≠      IRR;
≠BEGIN≠
  ≠INTEGER≠    G;
  ≠REAL≠       F1,F2,FX;
  ≠BOOLEAN≠    L1,LINKS,K;
  F1.=F(X1);  F2.=F(X2);
  ≠IF≠ SIGN(F1)=SIGN(F2) ≠THEN≠ ≠GOTO≠ IRR;
  K.=≠FALSE≠;  G.=2;
A:   X.=(X1*F2-X2*F1)/(F2-F1);  ≠GOTO≠ C;
B:   L1.=LINKS;
≠IF≠ LINKS ≠THEN≠  X.=X1+(X2-X1)/G  ≠ELSE≠  X.=X1+(G-1)*(X2-X1)/G;
C:   FX.=F(X);  LINKS.=SIGN(F1)*SIGN(FX)>0;  K.=≠NOT≠K;
  ≠IF≠ LINKS ≠THEN≠
    ≠BEGIN≠ X1.=X;  F1.=FX;  ≠END≠  ≠ELSE≠
    ≠BEGIN≠ X2.=X; F2.=FX; ≠END≠;
  ≠IF≠ ABS(X2-X1)≤EPS ≠THEN≠  ≠GOTO≠ AUSG;
  ≠IF≠ K ≠THEN≠ ≠GOTO≠ B;
  ≠IF≠ LINKS ≡ ≠NOT≠ L1 ≠THEN≠ G.=2*G;   ≠GOTO≠ A;
AUSG:
≠END≠                    REGFAL;

≠COMMENT≠     BEGINN DES HAUPTPROGRAMMS
              *************************    ;

INPUT(60,≠(≠≠)≠,H,V,PVAR,QVAR,PFIX,QFIX,SR,EPS,GEN);
≠COMMENT≠     H :          LAGERHALTUNGSKOSTEN
              V :          FEHLMENGENKOSTEN
              PVAR,QVAR : VARIABLE PROD.AENDERUNGSKOSTEN
              PFIX,QFIX : FIXE PROD.AENDERUNGSKOSTEN
              SR :         NACHFRAGESTREUUNG
              EPS :        ABBRUCHSCHRANKE FUER REGULA FALSI
              GEN :        ABBRUCHSCHRANKE FUER WERTITERATION :
HPLUSV.=H+V;
UNEND.=≠IF≠ PFIX>20 ≠THEN≠ 80 ≠ELSE≠ 40;
≠IF≠ V=H ∧ PVAR=QVAR ∧ PFIX=QFIX ≠THEN≠ SYMM.=≠TRUE≠
                                 ≠ELSE≠ SYMM.=≠FALSE≠;

OUTPUT(61,≠(≠10/,≠(≠PLM MIT FIXKOSTEN≠)≠,5/,≠(≠MODELL-PARAMETER :≠)≠
,//,≠(≠H = ≠)≠,5B,D.3D,/,≠(≠V = ≠)≠,5B,D.3D,/,≠(≠PVAR = ≠)≠,B,ZD.3D,
/,≠(≠QVAR = ≠)≠,B,ZD.3D,/,≠(≠PFIX = ≠)≠,ZZD.3D,/,≠(≠QFIX = ≠)≠,
ZZD.3D,/,≠(≠SR = ≠)≠,4B,D.3D,5/,≠(≠EPS =≠)≠,D.8D,4B,≠(≠GEN = ≠)≠,
D.8D4B,≠(≠M =≠)≠,ZZD,5/,B,≠(≠N≠)≠,9B,≠(≠T≠)≠,8B,≠(≠TT≠)≠,9B,≠(≠Z7≠)≠
,10B,≠(≠Z≠)≠,20B,≠(≠A≠)≠,10B,≠(≠B≠)≠,10B,≠(≠C≠)≠,10B,≠(≠D≠)≠,//≠)≠,
H,V,PVAR,QVAR,PFIX,QFIX,SR,EPS,GEN,M);
```

```
REGFAL(-3,3,EPS,HS1,EX,TZ);
NP.=ENTIER((PVAR+EPS)/V)+1;    NQ.=ENTIER((QVAR+EPS)/H)+1;
NMINUS.= ≠IF≠ NP<NQ ≠THEN≠ NP ≠ELSE≠ NQ;
NPLUS .= ≠IF≠ NP>NQ ≠THEN≠ NP ≠ELSE≠ NQ;

N.=1;    ZAHL.=0;
OUTPUT(61,≠(≠ZZD≠)≠,N);

≠IF≠ N<NP ≠THEN≠ ≠BEGIN≠ TT1.=T1.=-UNEND; ≠END≠
≠ELSE≠ ≠BEGIN≠    REGFAL(-3,TZ+GEN,EPS,HS1P,EX,TT1);
              ≠IF≠ PFIX<≠-9 ≠THEN≠ ≠BEGIN≠ T1.=TT1; ≠GOTO≠ G1; ≠END≠
                 A1.=PFIX + PVAR*TT1 + H1(TT1);
                 REGFAL(-PFIX-20,TT1+GEN,EPS,H1T,EX,T1);    ≠END≠;
              G1:
OUTPUT(61,≠(≠2B,+ZZD.4D,3B,+ZD.4D≠)≠,T1,TT1);
≠IF≠ N<NQ ≠THEN≠ ≠BEGIN≠ ZZ1.=Z1.=+UNEND; ≠END≠
≠ELSE≠ ≠BEGIN≠    REGFAL(TZ-GEN,+3,EPS,HS1Q,EX,ZZ1);
              ≠IF≠ QFIX<≠-9 ≠THEN≠ ≠BEGIN≠ Z1.=ZZ1; ≠GOTO≠G3; ≠END≠;
                 B1.=QFIX - QVAR*ZZ1 + H1(ZZ1);
                 REGFAL(ZZ1-GEN,QFIX+20,EPS,H1Z,EX,Z1);    ≠END≠;
              G3:
OUTPUT(61,≠(≠3B,+ZD.4D,BB,+ZZD.4D≠)≠,ZZ1,Z1);

DELTA.=(Z1-T1)/M;
≠FOR≠ I.=0 ≠STEP≠ 1 ≠UNTIL≠ M ≠DO≠
≠BEGIN≠
  FH1[I].=H1(T1+I*DELTA);
  FHS1[I].=HS1(T1+I*DELTA);
≠END≠    I-LAUF;
C1.=FH1[0];    D1.=FH1[M];    ≠GOTO≠ M3;

M1:
N .= N + 1 ;
OUTPUT(61,≠(≠ZZD≠)≠,N);

≠IF≠ N<NP ≠THEN≠ ≠BEGIN≠ TT2.=T2.=-UNEND; ≠END≠
≠ELSE≠ ≠BEGIN≠    UG.=≠IF≠TT1<-UNEND+EPS≠THEN≠TT1+5≠ELSE≠TT1-1;
                 REGFAL(UG,TZ+3.0,EPS,HS2P,EX,TT2);
              ≠IF≠ PFIX<≠-9 ≠THEN≠ ≠BEGIN≠ T2.=TT2; ≠GOTO≠G2; ≠END≠;
                 A2.=PFIX + PVAR*TT2 + H2(TT2);
                 REGFAL(T1-PFIX,TT2+GEN,EPS,H2T,EX,T2);    ≠END≠;
              G2:
OUTPUT(61,≠(≠2B,+ZZD.4D,3B,+ZD.4D≠)≠,T2,TT2);
≠IF≠ N<NQ ≠THEN≠ ≠BEGIN≠ ZZ2.=Z2.=+UNEND; ≠END≠
≠ELSE≠ ≠BEGIN≠    OG.=≠IF≠ZZ1>UNEND-EPS≠THEN≠ZZ1-5≠ELSE≠ZZ1+1;
                 REGFAL(TZ - 3,OG,EPS,HS2Q,EX,ZZ2);
              ≠IF≠ QFIX<≠-9 ≠THEN≠ ≠BEGIN≠ Z2.=ZZ2; ≠GOTO≠G4; ≠END≠;
                 B2.=QFIX - QVAR*ZZ2 + H2(ZZ2);
                 REGFAL(ZZ2-GEN,Z1+QFIX,EPS,H2Z,EX,Z2);    ≠END≠;
              G4:
OUTPUT(61,≠(≠3B,+ZD.4D,BB,+ZZD.4D≠)≠,ZZ2,Z2);
```

```
≠IF≠ N<NPLUS ≠THEN≠ ≠GOTO≠ M2:
≠IF≠ ABS(TT2-TT1)<GEN∧ABS(T2-T1)<GEN∧ABS(ZZ2-ZZ1)<GEN∧ABS(Z2-Z1)<GEN
≠THEN≠ ≠BEGIN≠  ZAHL.=1;  A1.=A2;  B1.=B2;  C1.=C2;  D1.=D2;
       T1.=T2;  Z1.=Z2;  TT1.=TT2;  ZZ1.=ZZ2;  ≠GOTO≠ M3;≠END≠;

M2:     DELTA.=(Z2-T2)/M;

≠FOR≠ I.=M/2 ≠STEP≠ 1 ≠UNTIL≠ M ≠DO≠
≠BEGIN≠
  FH2[I].=H2(T2+I*DELTA);
  FHS2[I].=HS2P(T2+I*DELTA)-PVAR;
≠END≠    I-LAUF;

≠IF≠ SYMM ≠THEN≠
≠BEGIN≠
≠FOR≠ I.=0 ≠STEP≠ 1 ≠UNTIL≠ M/2-1 ≠DO≠
≠BEGIN≠
  FH2[I].=FH2[M-I];
  FHS2[I].=-FHS2[M-I];
≠END≠    I-LAUF;
≠END≠   ≠ELSE≠
≠FOR≠ I.=0 ≠STEP≠ 1 ≠UNTIL≠ M/2-1 ≠DO≠
≠BEGIN≠
  FH2[I].=H2(T2+I*DELTA);
  FHS2[I].=HS2P(T2+I*DELTA)-PVAR;
≠END≠    I-LAUF;
C2.=FH2[0];    D2.=FH2[M];

T1.=T2;   Z1.=Z2;   TT1.=TT2;   ZZ1.=ZZ2;
A1.=A2;   B1.=B2;   C1.=C2;   D1.=D2;
≠FOR≠ I.=0 ≠STEP≠ 1 ≠UNTIL≠ M ≠DO≠
≠BEGIN≠   FH1[I].=FH2[I];   FHS1[I].=FHS2[I];   ≠END≠;

M3:
OUTPUT(61,≠(≠10B,4(B,+3ZD.4D),2/≠)≠,A1,B1,C1,D1);
≠IF≠ ZAHL=1          ≠THEN≠ ≠GOTO≠ M4;
≠GOTO≠ M1;

EX:
OUTPUT(61,≠(≠3/,≠(≠ENDE :  KEINE NULLSTELLE≠)≠,//≠)≠);
M4:
≠END≠           OF BLOCK  :
≠END≠           OF PROGRAM;
        ≠EOP≠
```

Anhang III: Die Konvergenzgeschwindigkeit der Parameter der (t,z)- bzw. (t,T,Z,z)-Politik (Beispiele)[1]

(III.1) Die Folgen $\{t_k\}$ und $\{z_k\}$ im Modell ohne Fixkosten

Beispiel 1: $v = h$; $p = q = h$

k	t_k	z_k	$z_k - t_k$
1	$-\infty$	$+\infty$	∞
2	-0.7956	+0.7956	1.5912
3	-0.7065	+0.7065	1.4129
4	-0.7001	+0.7001	1.4001
5	-0.6996	+0.6996	1.3992
6	-0.6996	+0.6996	1.3992

Beispiel 2: $v = 3 \cdot h$; $p = q = h$

k	t_k	z_k	$z_k - t_k$
1	-0.0000	$+\infty$	∞
2	+0.2294	+1.3306	1.1013
3	+0.2313	+1.2807	1.0494
4	+0.2269	+1.2717	1.0448
5	+0.2250	+1.2686	1.0436
6	+0.2243	+1.2674	1.0431
7	+0.2240	+1.2670	1.0429
8	+0.2239	+1.2668	1.0429
9	+0.2239	+1.2667	1.0428
10	+0.2239	+1.2667	1.0428

1) Alle Zahlenangaben der Absolutwerte von Politik-Parametern und Kosten in Anhang III bis IX gelten für folgende Normierung: $h = 1$ und $\sigma = 1$

Beispiel 3: $v = 3 \cdot h \; ; \; p = q = 5 \cdot h$

k	t_k	z_k	$z_k - t_k$
1	$- \infty$	$+ \infty$	∞
2	-1.3751	$+ \infty$	∞
3	-0.6006	$+ \infty$	∞
4	-0.4102	$+ \infty$	∞
5	-0.3418	$+ \infty$	∞
6	-0.3186	+3.2592	3.5778
7	-0.3164	+2.8988	3.2152
8	-0.3246	+2.7620	3.0865
9	-0.3365	+2.6897	3.0262
10	-0.3481	+2.6445	2.9927
11	-0.3580	+2.6137	2.9717
12	-0.3658	+2.5918	2.9576
13	-0.3718	+2.5757	2.9475
14	-0.3764	+2.5638	2.9402
15	-0.3799	+2.5550	2.9349
16	-0.3825	+2.5485	2.9310
17	-0.3844	+2.5436	2.9280
18	-0.3859	+2.5400	2.9259
19	-0.3870	+2.5373	2.9243
20	-0.3878	+2.5353	2.9231
21	-0.3884	+2.5338	2.9222
22	-0.3888	+2.5327	2.9215
23	-0.3892	+2.5318	2.9210
24	-0.3894	+2.5312	2.9206
25	-0.3896	+2.5307	2.9204
26	-0.3898	+2.5304	2.9201
27	-0.3899	+2.5301	2.9200
28	-0.3899	+2.5299	2.9199
29	-0.3900	+2.5298	2.9198
30	-0.3900	+2.5297	2.9197
31	-0.3901	+2.5296	2.9197
32	-0.3901	+2.5295	2.9197
33	-0.3901	+2.5295	2.9196

Beispiel 4: $v = h$; $p = q = 5 \cdot h$

k	t_k	z_k	$z_k - t_k$
1	$-\infty$	$+\infty$	∞
2	$-\infty$	$+\infty$	∞
3	$-\infty$	$+\infty$	∞
4	$-\infty$	$+\infty$	∞
5	$-\infty$	$+\infty$	∞
6	-2.5237	+2.5237	5.0473
7	-2.0932	+2.0932	4.1865
8	-1.9363	+1.9363	3.8727
9	-1.8692	+1.8692	3.7384
10	-1.8398	+1.8398	3.6796
11	-1.8270	+1.8270	3.6541
12	-1.8215	+1.8215	3.6430
13	-1.8191	+1.8191	3.6382
14	-1.8181	+1.8181	3.6361
15	-1.8176	+1.8176	3.6352
16	-1.8174	+1.8174	3.6348
17	-1.8173	+1.8173	3.6347
18	-1.8173	+1.8173	3.6346

(III.2) Die Folgen $\{t_k\}$, $\{T_k\}$, $\{Z_k\}$ und $\{z_k\}$ im Modell mit Fixkosten

Beispiel 1: $v = h$; $p = q = h$; $P = Q = h \cdot \sigma$

k	t_k	T_k	Z_k	z_k
1	$-\infty$	$-\infty$	$+\infty$	$+\infty$
2	-2.4945	-0.7919	+0.7919	+2.4945
3	-1.9023	-0.5839	+0.5839	+1.9023
4	-1.8374	-0.5389	+0.5389	+1.8374
5	-1.8329	-0.5338	+0.5338	+1.8329
6	-1.8326	-0.5333	+0.5333	+1.8326
7	-1.8326	-0.5333	+0.5333	+1.8326

Beispiel 2: $v = 3 \cdot h \; ; \; p = q = h \; ; \; P = Q = h \cdot \sigma$

k	t_k	T_k	Z_k	z_k
1	-1.1813	+0.0000	+ ∞	+ ∞
2	-0.5984	+0.3330	+1.3681	+2.9868
3	-0.5585	+0.3667	+1.2494	+2.5188
4	-0.5679	+0.3524	+1.2097	+2.4729
5	-0.5758	+0.3419	+1.1936	+2.4562
6	-0.5798	+0.3366	+1.1859	+2.4479
7	-0.5819	+0.3340	+1.1821	+2.4438
8	-0.5828	+0.3327	+1.1802	+2.4418
9	-0.5833	+0.3320	+1.1792	+2.4408
10	-0.5835	+0.3317	+1.1788	+2.4404
11	-0.5837	+0.3315	+1.1785	+2.4401
12	-0.5838	+0.3315	+1.1784	+2.4400
13	-0.5838	+0.3314	+1.1784	+2.4399
14	-0.5838	+0.3314	+1.1784	+2.4399

Beispiel 3: $v = h \; ; \; p = q = 5 \cdot h \; ; \; P = Q = h \cdot \sigma$

k	t_k	T_k	Z_k	z_k
1	- ∞	- ∞	+ ∞	+ ∞
2	- ∞	- ∞	+ ∞	+ ∞
3	- ∞	- ∞	+ ∞	+ ∞
4	- ∞	- ∞	+ ∞	+ ∞
5	- ∞	- ∞	+ ∞	+ ∞
6	-4.4231	-2.5195	+2.5195	+4.4231
7	-3.3772	-2.0055	+2.0055	+3.3772
8	-3.0553	-1.7690	+1.7690	+3.0553
9	-2.9258	-1.6584	+1.6584	+2.9258
10	-2.8662	-1.6060	+1.6060	+2.8662
11	-2.8384	-1.5813	+1.5813	+2.8384
12	-2.8254	-1.5698	+1.5698	+2.8254
13	-2.8195	-1.5644	+1.5644	+2.8195
14	-2.8167	-1.5620	+1.5620	+2.8167
15	-2.8154	-1.5608	+1.5608	+2.8154
16	-2.8148	-1.5603	+1.5603	+2.8148
17	-2.8146	-1.5601	+1.5601	+2.8146
18	-2.8144	-1.5600	+1.5600	+2.8144
19	-2.8144	-1.5599	+1.5599	+2.8144
20	-2.8144	-1.5599	+1.5599	+2.8144

Beispiel 4: $v = 3 \cdot h\ ;\ p = q = 5 \cdot h\ ;\ P = Q = h \cdot \sigma$

k	t_k	T_k	Z_k	z_k
1	$-\infty$	$-\infty$	$+\infty$	$+\infty$
2	-2.9883	-1.3755	$+\infty$	$+\infty$
3	-1.4141	-0.5706	$+\infty$	$+\infty$
4	-1.1229	-0.3190	$+\infty$	$+\infty$
5	-1.0255	-0.2213	$+\infty$	$+\infty$
6	-0.9865	-0.1813	+3.2743	+5.1180
7	-0.9720	-0.1687	+2.8384	+4.1857
8	-0.9723	-0.1738	+2.6436	+3.9215
9	-0.9798	-0.1805	+2.5396	+3.8080
10	-0.9902	-0.1930	+2.4790	+3.7426
11	-1.0006	-0.2050	+2.4384	+3.6994
12	-1.0097	-0.2153	+2.4092	+3.6686
13	-1.0172	-0.2238	+2.3876	+3.6459
14	-1.0232	-0.2305	+2.3712	+3.6288
15	-1.0279	-0.2357	+2.3588	+3.6158
16	-1.0315	-0.2398	+2.3493	+3.6058
17	-1.0343	-0.2429	+2.3419	+3.5982
18	-1.0365	-0.2454	+2.3363	+3.5923
19	-1.0382	-0.2473	+2.3320	+3.5878
20	-1.0396	-0.2487	+2.3287	+3.5844
21	-1.0406	-0.2499	+2.3262	+3.5817
22	-1.0413	-0.2507	+2.3242	+3.5797
23	-1.0419	-0.2514	+2.3227	+3.5781
24	-1.0424	-0.2519	+2.3215	+3.5769
25	-1.0428	-0.2523	+2.3207	+3.5760
26	-1.0430	-0.2526	+2.3200	+3.5753
27	-1.0432	-0.2528	+2.3194	+3.5747
28	-1.0434	-0.2530	+2.3190	+3.5743
29	-1.0435	-0.2532	+2.3187	+3.5740
30	-1.0436	-0.2533	+2.3185	+3.5737
31	-1.0437	-0.2534	+2.3183	+3.5735
32	-1.0438	-0.2534	+2.3182	+3.5734
33	-1.0438	-0.2535	+2.3180	+3.5733
34	-1.0439	-0.2535	+2.3180	+3.5732
35	-1.0439	-0.2535	+2.3179	+3.5731
36	-1.0439	-0.2536	+2.3178	+3.5731
37	-1.0439	-0.2536	+2.3178	+3.5730

Anhang IV: Die Abhängigkeit der Duchschnittskosten von der Diskretisierung des Zustandsraums (Beispiele)

(IV.1) Kosten bei optimaler Politik im Modell ohne Fixkosten (P=Q=0)

Beispiel 1:

$v=1,5\cdot h$; $p=q=2\cdot h$

x_{min}	d_x	N	$\bar{C}^*$
-4,80	0,100	97	1,8753
-4,75	0,095	101	1,8756
-4,77	0,090	107	1,8752
-4,76	0,085	113	1,8753

Beispiel 2:

$v=1,5\cdot h$; $p=q=5\cdot h$

x_{min}	d_x	N	$\bar{C}^*$
-5,60	0,14	81	2,6716
-5,59	0,13	87	2,6708
-5,64	0,12	95	2,6708
-5,61	0,11	103	2,6705
-5,60	0,10	113	2,6703

(IV.2) Kosten bei optimaler Politik im Modell mit Fixkosten

Beispiel 1:

$v=h$; $p=q=h$; $P=Q=h\cdot\sigma$

x_{min}	d_x	N	$\bar{C}^*$
-5,0	0,500	21	1,5764
-5,0	0,200	51	1,5722
-5,0	0,179	57	1,5710
-5,0	0,143	71	1,5710

Beispiel 2:

$v=h$; $p=q=10\cdot h$; $P=Q=h\cdot\sigma$

x_{min}	d_x	N	$\bar{C}^*$
-7,5	0,500	31	3,4181
-7,5	0,203	75	3,3930
-7,5	0,200	76	3,3933
-7,4	0,200	75	3,3924

(IV.3) Kosten bei DDO-Politik im Modell mit Korrelation und ohne Fixkosten (P=Q=0)

Beispiel 1:

a=0,5 ; v=h ; p=q=h => $C_1^* = 2{,}0167$

x_{min}	d_x	N	r_{min}	d_r	M	$\bar{C}_D^*$	$\bar{C}_1^*$	$\bar{\Delta}_c$	$\bar{\bar{C}}_D^*$
-3,9	1,30	7	-3,9	1,30	7	2,0623	2,0628	-0,0005	2,0162
-4,0	0,44	19	-4,0	0,44	19	2,0138	2,0198	-0,0060	2,0107
-4,0	0,40	21	-4,0	0,40	21	2,0119	2,0178	-0,0059	2,0108
-3,9	0,39	21	-3,9	0,39	21	2,0114	2,0173	-0,0059	2,0108

Beispiel 2:

a=0,5 ; v=h ; p=q=20·h => $C_1^* = 25{,}1737$

x_{min}	d_x	N	r_{min}	d_r	M	$\bar{C}_D^*$	$\bar{C}_1^*$	$\bar{\Delta}_c$	$\bar{\bar{C}}_D^*$
-4,0	0,50	17	-4,0	0,50	17	25,0437	25,2977	-0,2540	24,97[illegible]
-4,0	0,44	19	-4,0	0,44	19	24,9852	25,2361	-0,2509	24,92[illegible]
-4,0	0,40	21	-4,0	0,40	21	24,9510	25,1969	-0,2459	24,92[illegible]
-3,9	0,39	21	-3,9	0,39	21	24,9423	25,1869	-0,2446	24,92[illegible]

Beispiel 3:

$a=0{,}5$; $v=2\cdot h$; $p=q=20\cdot h$ => $m^{*}=0{,}4307$; $C_1^{*}=25{,}4667$

x_{min}	d_x	N	r_{min}	d_r	M	$\bar{C}_D^{*}$	$\bar{C}_l^{*}$	$\bar{\Delta}_c$	$\bar{\bar{C}}_D^{*}$
-4,00	0,444	19	-4,00	0,444	19	25,5617	25,7408	-0,1791	25,2876
-4,30	0,430	21	-3,87	0,430	19	25,5401	25,7252	-0,1851	25,2816
-4,25	0,425	21	-3,83	0,425	19	25,5357	25,7191	-0,1834	25,2833
-4,20	0,420	21	-3,78	0,420	19	25,5312	25,7130	-0,1818	25,2849
-4,00	0,400	21	-4,00	0,400	21	25,5151	25,6906	-0,1755	25,2912

Beispiel 4:

$a=0{,}7$; $v=h$; $p=q=20\cdot h$ => $C_1^{*} = 30{,}0522$

x_{min}	d_x	N	r_{min}	d_r	M	$\bar{C}_D^{*}$	$\bar{C}_1^{*}$	$\bar{\Delta}_c$	$\bar{\bar{C}}_D^{*}$
-4,8	0,8	13	-4,8	0,80	13	30,9996	31,2418	-0,2422	29,8100
-4,9	0,7	15	-4,9	0,49	21	29,0673	29,5369	-0,4696	29,5826
-4,8	0,6	17	-4,2	0,42	21	29,2230	29,7465	-0,5235	29,5287
-5,0	0,5	21	-4,0	0,40	21	29,8890	30,4159	-0,5269	29,5253

Anhang V: Stationäre Grenzverteilung bei DDO-Politik im diskretisierten Modell

Beispiel für: a = 0,5 ; v = h ; p = q = 20·h (Alle Wahrscheinlichkeitsangaben in 1/10000)

10·r \ 10·x	-40	-36	-32	-28	-24	-20	-16	-12	- 8	- 4	± 0	+ 4	+ 8	+12	+16	+20	+24	+28	+32	+36	+40	Σ
-40																	1	2	1	1		5
-36															1	2	3	3	2			11
-32														1	4	8	10	6	1	1		31
-28													2	7	17	24	17	5	3	1		76
-24												2	11	31	50	42	13	11	2			162
-20											3	15	49	91	89	30	29	6	1			313
-16										3	17	65	141	161	61	65	17	2				532
-12									2	16	74	187	249	107	126	38	6					805
- 8								1	14	72	212	328	159	209	74	14	1					1084
- 4							1	10	60	206	371	201	295	121	26	3						1294
± 0						1	6	43	171	358	218	358	171	43	6	1						1376
+ 4						3	26	121	295	201	371	206	60	10	1							1294
+ 8					1	14	74	209	159	328	212	72	14	1								1084
+12					6	38	126	107	249	187	74	16	2									805
+16				2	17	65	61	161	141	65	17	3										532
+20			1	6	29	30	89	91	49	15	3											313
+24			2	11	13	42	50	31	11	2												162
+28		1	3	5	17	24	17	7	2													76
+32		1	1	6	10	8	4	1														31
+36			2	3	3	2	1															11
+40		1	1	2	1																	5
Σ		3	10	35	97	227	455	782	1153	1453	1572	1453	1153	782	455	227	97	35	10	3		10002

Bereich, in dem keine lineare Politik nach (5.21) verfolgt wird.

Die Wahrscheinlichkeit, in diesem Bereich zu liegen, beträgt hier:

Prob{ $\frac{x}{r}$ > a } = 0,0588 .

Anhang VI: ALGOL-Quellenprogramm zur Generierung der Modelldaten des LP-Programms LP2/P im MPS-Format

```
PRODUKTIONS-LAGERHALTUNGS-MODELL MIT FIXKOSTEN :
LOESUNGSANSATZ DURCH LINEARE PROGRAMMIERUNG
**********************************************

≠BEGIN≠

≠INTEGER≠ N,Y,F,R,RMAX;
≠REAL≠     SR,H,V,PVAR,PFIX,QVAR,QFIX,HPLUSV,LAGER,LMIN,LMAX,DL,
           DLHALB,PROB;

INPUT(60,≠(≠≠)≠,H,V,PVAR,QVAR,PFIX,QFIX,SR,LMIN,LMAX,N):
≠COMMENT≠    H :           LAGERHALTUNGSKOSTEN
             V :           FEHLMENGENKOSTEN
             PVAR,QVAR :   VARIABLE PROD.AENDERUNGSKOSTEN
             PFIX,QFIX :   FIXE PROD.AENDERUNGSKOSTEN
             SR :          NACHFRAGESTREUUNG
             LMIN :        LAGERUNTERGRENZE
             LMAX :        LAGEROBERGRENZE
             N :           ANZAHL DER LAGERZUSTAENDE
             DL :          DISKRETISIERUNGSINTERVALL   ;

HPLUSV.=H+V;   DL.=(LMAX-LMIN)/(N-1):   DLHALB.=DL/2;
RMAX.=N;   E.=1:

OUTPUT(61,≠(≠≠(≠PLM MIT FIXKOSTEN (LP-LOESUNG)≠)≠,5/,≠(≠PARAMETER≠)≠
,//,≠(≠H = ≠)≠,5B,D.3D,/,≠(≠V = ≠)≠,5B,D.3D,/,≠(≠PVAR = ≠)≠,B,ZD.3D,
/,≠(≠QVAR = ≠)≠,B,ZD.3D,/,≠(≠PFIX = ≠)≠,ZZD.3D,/,≠(≠QFIX = ≠)≠,
ZZD.3D,/,≠(≠SR = ≠)≠,4B,D.3D,3/,≠(≠DISKRETISIERUNGSPARAMETER :≠)≠,
//,≠(≠ANZAHL DER ZUSTAENDE : ≠)≠,ZZD,/,≠(≠UNTERGRENZE DES ZUSTANDS-
BEREICHS : ≠)≠,+ZD.3D,/,≠(≠OBERGRENZE DES ZUSTANDS-BEREICHS : ≠)≠,
+ZD.3D,/,≠(≠INTERVALLGROESSE : ≠)≠,5B,ZD.3D≠)≠,
H,V,PVAR,QVAR,PFIX,QFIX,SR,N,LMIN,LMAX,DL);

≠BEGIN≠

≠ARRAY≠   PRKUM,PR[0..RMAX],L,WW,VV,XX,YY[1..N];

≠REAL≠ ≠PROCEDURE≠    NORMAL(X):
≠COMMENT≠    VERTEILUNGSFUNKTION DER NORMALVERTEILUNG (0,SR)   ;
≠VALUE≠      X:
≠REAL≠       X:
≠BEGIN≠
  ≠REAL≠       A,B,C,D;
  ≠COMMENT≠    GLOBAL: SR:
  A.=ABS(X/SR):  B.=1/(1+.2316419*A):  C.=.3989423*EXP(-A*A/2);
  D.=C*B*((((1.330274*B-1.821256≠*B 1.781478)*B-.3565638)*B
     +.3193815):
   NORMAL.= ≠IF≠ X≤0 ≠THEN≠ D ≠ELSE≠ 1-D:
≠END≠                 NORMAL:
```

```
≠REAL≠ ≠PROCEDURE≠    LAGKOST(X);
≠COMMENT≠   ERWARTETE LAGERHALTUNGSKOSTEN   ;
≠VALUE≠      X;
≠REAL≠       X;
≠BEGIN≠
  ≠REAL≠        A;
  ≠COMMENT≠   GLOBAL: HPLUSV,V,SR;
  A.=2*SR*SR;
  LAGKOST.=HPLUSV*(X*NORMAL(X)+A*.1994711*EXP(-X*X/A))-V*X;
≠END≠                     LAGKOST;

PRKUM[0].=NORMAL(DLHALB);
≠FOR≠R.=1≠STEP≠1≠UNTIL≠RMAX≠DO≠
≠BEGIN≠
PRKUM[R].=NORMAL(R*DL+DLHALB);
PR[R].=PRKUM[R]-PRKUM[R-1];
≠END≠  R-LAUF;
PR[0].=2*PRKUM[0]-1;

≠FOR≠ Y.=1 ≠STEP≠ 1 ≠UNTIL≠ N ≠DO≠
≠BEGIN≠
LAGER.=LMIN+(Y-1)*DL;
L[Y].=LAGKOST(LAGER);
WW[Y].=-PVAR*LAGER;
VV[Y].=PFIX-WW[Y]+L[Y];
XX[Y].=QVAR*LAGER;
YY[Y].=QFIX-XX[Y]+L[Y];
≠END≠  Y-LAUF;


OUTPUT(48,≠(≠/,≠(≠NAME≠)≠,10B,≠(≠PLMMLP≠)≠≠)≠);

OUTPUT(48,≠(≠/,≠(≠ROWS≠)≠≠)≠);

OUTPUT(48,≠(≠/,B,≠(≠N≠)≠,BB,≠(≠ZIELF≠)≠≠)≠);
OUTPUT(48,≠(≠/,B,≠(≠E≠)≠,BB,≠(≠GWERT≠)≠≠)≠);
≠FOR≠ Y.=2 ≠STEP≠ 1 ≠UNTIL≠ N ≠DO≠
OUTPUT(48,≠(≠/,B,≠(≠E≠)≠,BB,≠(≠VWERT≠)≠,3D≠)≠,Y);
≠FOR≠ Y.=1 ≠STEP≠ 1 ≠UNTIL≠ N-1 ≠DO≠
OUTPUT(48,≠(≠/,B,≠(≠E≠)≠,BB,≠(≠WVAR≠)≠,3D≠)≠,Y);
≠FOR≠ Y.=2 ≠STEP≠ 1 ≠UNTIL≠ N ≠DO≠
OUTPUT(48,≠(≠/,B,≠(≠E≠)≠,BB,≠(≠UVAR≠)≠,3D≠)≠,Y);

OUTPUT(48,≠(≠/,≠(≠COLUMNS≠)≠≠)≠);
```

```
≠FOR≠ Y.=1 ≠STEP≠ 1 ≠UNTIL≠ N ≠DO≠
≠BEGIN≠
OUTPUT(48,≠(≠/,4B,≠(≠X≠)≠,3D,6B,≠(≠ZIELF≠)≠,5B,-ZZD.7D≠)≠,Y,L[Y]);
OUTPUT(48,≠(≠/,4B,≠(≠X≠)≠,3D,6B,≠(≠GWERT≠)≠,5B,-D.9D≠)≠,Y,E);
≠FOR≠ R.=2 ≠STEP≠ 1 ≠UNTIL≠ N ≠DO≠
≠BEGIN≠
RMAX.=ABS(Y-R);
PROB.=≠IF≠ R ≠EQUAL≠ N ≠THEN≠ (1-PRKUM[N-Y]+PR[N-Y]) ≠ELSE≠PR[RMAX];
PROB.= ≠IF≠ Y ≠EQUAL≠ R ≠THEN≠ (1-PROB) ≠ELSE≠ -PROB;
OUTPUT(48,≠(≠/,4B,≠(≠X≠)≠,3D,6B,≠(≠VWERT≠)≠,3DBB,-D.7D≠)≠,Y,R,PROB);
≠END≠  R-LAUF;
≠END≠  Y-LAUF;

OUTPUT(48,≠(≠/,4B,≠(≠S001≠)≠,6B,≠(≠ZIELF≠)≠,5B,-ZZD.7D≠)≠,WW[1]);
OUTPUT(48,≠(≠/,4B,≠(≠S001≠)≠,6B,≠(≠WVAR001≠)≠,3B,-D.9D≠)≠,-E);
≠FOR≠ Y.=2 ≠STEP≠ 1 ≠UNTIL≠ N-1 ≠DO≠
≠BEGIN≠
OUTPUT(48,≠(≠/,4B,≠(≠S≠)≠,3D,6B,≠(≠ZIELF≠)≠,5B,-ZZD.7D≠)≠,Y,WW[Y]);
OUTPUT(48,≠(≠/,4B,≠(≠S≠)≠,3D,6B,≠(≠VWERT≠)≠,3D,BB,-D.9D≠)≠,Y,Y,E);
OUTPUT(48,≠(≠/,4B,≠(≠S≠)≠,3D,6B,≠(≠WVAR≠)≠,3D,3B,-D.9D≠)≠,Y,Y,-E);
≠END≠  Y-LAUF;

≠FOR≠ Y.=2 ≠STEP≠ 1 ≠UNTIL≠ N-1 ≠DO≠
≠BEGIN≠
OUTPUT(48,≠(≠/,4B,≠(≠T≠)≠,3D,6B,≠(≠WVAR≠)≠,3D,3B,-D.9D≠)≠,Y,Y-1,E);
OUTPUT(48,≠(≠/,4B,≠(≠T≠)≠,3D,6B,≠(≠WVAR≠)≠,3D,3B,-D.9D≠)≠,Y,Y,-E);
≠END≠  Y-LAUF;

≠FOR≠ Y.=2 ≠STEP≠ 1 ≠UNTIL≠ N ≠DO≠
≠BEGIN≠
OUTPUT(48,≠(≠/,4B,≠(≠Y≠)≠,3D,6B,≠(≠ZIELF≠)≠,5B,-ZZD.7D≠)≠,Y,VV[Y]);
OUTPUT(48,≠(≠/,4B,≠(≠Y≠)≠,3D,6B,≠(≠GWERT≠)≠,5B,-D.9D≠)≠,Y,E);
≠FOR≠ R.=2 ≠STEP≠ 1 ≠UNTIL≠ N ≠DO≠
≠BEGIN≠
RMAX.=ABS(Y-R);
PROB.=≠IF≠ R ≠EQUAL≠ N ≠THEN≠ (1-PRKUM[N-Y]+PR[N-Y]) ≠ELSE≠PR[RMAX];
OUTPUT(48,≠(≠/,4B,≠(≠Y≠)≠,3D6B,≠(≠VWERT≠)≠,3DBB,-D.7D≠)≠,Y,R,-PROB);
≠END≠  R-LAUF;
OUTPUT(48,≠(≠/,4B,≠(≠Y≠)≠,3D,6B,≠(≠WVAR≠)≠,3D,3B,-D.9D≠)≠,Y,Y-1,E);
≠END≠  Y-LAUF;

≠FOR≠ Y.=2 ≠STEP≠ 1 ≠UNTIL≠ N ≠DO≠
≠BEGIN≠
OUTPUT(48,≠(≠/,4B,≠(≠R≠)≠,3D,6B,≠(≠ZIELF≠)≠,5B,-ZZD.7D≠)≠,Y,XX[Y]);
OUTPUT(48,≠(≠/,4B,≠(≠R≠)≠,3D,6B,≠(≠VWERT≠)≠,3D,BB,-D.9D≠)≠,Y,Y,E);
OUTPUT(48,≠(≠/,4B,≠(≠R≠)≠,3D,6B,≠(≠UVAR≠)≠,3D,3B,-D.9D≠)≠,Y,Y,-E);
≠END≠  Y-LAUF;
```

```
≠FOR≠ Y.=2 ≠STEP≠ 1 ≠UNTIL≠ N-1 ≠DO≠
≠BEGIN≠
OUTPUT(48,≠(≠/,4B,≠(≠Z≠)≠,3D,6B,≠(≠UVAR≠)≠,3D,3B,-D.9D≠)≠,Y,Y,-E);
OUTPUT(48,≠(≠/,4B,≠(≠Z≠)≠,3D,6B,≠(≠UVAR≠)≠,3D,3B,-D.9D≠)≠,Y,Y+1,E);
≠END≠  Y-LAUF:

≠FOR≠ Y.=1 ≠STEP≠ 1 ≠UNTIL≠ N-1 ≠DO≠
≠BEGIN≠
OUTPUT(48,≠(≠/,4B,≠(≠Q≠)≠,3D,6B,≠(≠ZIELF≠)≠,5B,-ZZD.7D≠)≠,Y,YY[Y]);
OUTPUT(48,≠(≠/,4B,≠(≠Q≠)≠,3D,6B,≠(≠GWERT≠)≠,5B,-D.9D≠)≠,Y,E);
≠FOR≠ R.=2 ≠STEP≠ 1 ≠UNTIL≠ N ≠DO≠
≠BEGIN≠
RMAX.=ABS(Y-R):
PROB.=≠IF≠ R ≠EQUAL≠ N ≠THEN≠ (1-PRKUM[N-Y]+PR[N-Y]) ≠ELSE≠PR[RMAX];
OUTPUT(48,≠(≠/,4B,≠(≠Q≠)≠,3D6B,≠(≠VWERT≠)≠,3D3B,-D.7D≠)≠,Y,R,-PROB);
≠END≠  R-LAUF;
OUTPUT(48,≠(≠/,4B,≠(≠Q≠)≠,3D,6B,≠(≠UVAR≠)≠,3D,3B,-D.9D≠)≠,Y,Y+1,E);
≠END≠  Y-LAUF;

OUTPUT(48,≠(≠/,≠(≠RHS≠)≠≠)≠):

OUTPUT(48,≠(≠/,4B,≠(≠RSEITE≠)≠,4B,≠(≠GWERT≠)≠,5B,D.D≠)≠,E);

OUTPUT(48,≠(≠/,≠(≠ENDATA≠)≠≠)≠):

≠END≠      OF BLOCK     ;
≠END≠      OF PROGRAM   :
          ≠EOP≠
CHANNEL,48=PLM,P80,R
CHANNEL,END
```

Anhang VII: Parameter und Kosten der (t,z)-Politik und LNQ-Politik im Modell ohne Fixkosten (P=Q=0)

Tabelle 1: $v=0{,}5\cdot h$

p=q	κ^*	μ^*	t	z	z-t	C_L^*	C^*
0	-1,00	-0,43	-0,43	-0,43	0,00	0,545	0,545
0,1·h	-0,87	-0,43	-0,60	-0,28	0,32	0,620	0,617
0,5·h	-0,58	-0,48	-1,06	+0,09	1,15	0,856	0,825
h	-0,41	-0,54	-1,45	+0,35	1,80	1,081	1,014
1,5·h	-0,31	-0,59	-1,76	+0,54	2,30	1,266	1,170
2·h	-0,25	-0,65	-2,03	+0,70	2,73	1,428	1,306
3·h	-0,19	-0,74	-2,50	+0,95	3,45	1,705	1,541
5·h	-0,12	-0,91	-3,27	+1,34	4,61	2,156	1,928
10·h	-0,06	-1,22	-4,73	+2,07	6,80	3,000	2,657
20·h	-0,03	-1,69	-6,85	+3,13	9,98	4,208	3,708

Tabelle 2: $v=h$

p=q	κ^*	μ^*	t	z	z-t	C_L^*	C^*
0	-1,00	0	0,00	0,00	0,00	0,798	0,798
0,1·h	-0,91	0	-0,11	+0,11	0,23	0,874	0,872
0,5·h	-0,67	0	-0,44	+0,44	0,87	1,128	1,101
h	-0,50	0	-0,70	+0,70	1,40	1,382	1,319
1,5·h	-0,40	0	-0,90	+0,90	1,80	1,596	1,500
2·h	-0,33	0	-1,07	+1,07	2,14	1,784	1,659
3·h	-0,25	0	-1,36	+1,36	2,71	2,111	1,927
5·h	-0,17	0	-1,82	+1,82	3,63	2,646	2,400
10·h	-0,09	0	-2,70	+2,70	5,40	3,656	3,280
20·h	-0,05	0	-3,98	+3,98	7,96	5,109	4,562

Tabelle 3: v = 1,5·h

p=q	κ^*	μ^*	t	z	z-t	C_L^*	C^*
0	-1,00	+0,25	+0,25	+0,25	0,00	0,966	0,966
0,1·h	-0,92	+0,25	+0,16	+0,35	0,19	1,043	1,040
0,5·h	-0,71	+0,27	-0,11	+0,65	0,76	1,305	1,280
h	-0,55	+0,28	-0,33	+0,91	1,24	1,573	1,511
1,5·h	-0,45	+0,30	-0,49	+1,12	1,61	1,801	1,704
2·h	-0,38	+0,32	-0,63	+1,29	1,92	2,004	1,875
3·h	-0,29	+0,36	-0,85	+1,59	2,44	2,357	2,174
5·h	-0,19	+0,43	-1,20	+2,09	3,28	2,939	2,670
10·h	-0,11	+0,56	-1,83	+3,04	4,88	4,043	3,628
20·h	-0,06	+0,76	-2,76	+4,44	7,20	5,636	5,019

Tabelle 4: v = 2·h

p=q	κ^*	μ^*	t	z	z-t	C_L^*	C^*
0	-1,00	+0,43	+0,43	+0,43	0,00	1,091	1,091
0,1·h	-0,93	+0,43	+0,35	+0,52	0,17	1,168	1,166
0,5·h	-0,73	+0,45	+0,11	+0,80	0,69	1,435	1,412
h	-0,58	+0,48	-0,09	+1,06	1,15	1,712	1,651
1,5·h	-0,48	+0,51	-0,23	+1,27	1,50	1,950	1,852
2·h	-0,41	+0,54	-0,35	+1,45	1,80	2,161	2,029
3·h	-0,31	+0,59	-0,54	+1,76	2,30	2,532	2,341
5·h	-0,21	+0,70	-0,83	+2,28	3,11	3,145	2,859
10·h	-0,12	+0,91	-1,34	+3,27	4,61	4,312	3,856
20·h	-0,06	+1,22	-2,07	+4,73	6,80	6,000	5,314

Tabelle 5: $v = 3\cdot h$

p=q	κ^*	μ^*	t	z	z-t	C_L^*	C^*
0	-1,00	+0,67	+0,67	+0,67	0,00	1,271	1,271
0,1·h	-0,94	+0,68	+0,60	+0,75	0,15	1,349	1,346
0,5·h	-0,76	+0,70	+0,39	+1,01	0,62	1,622	1,600
h	-0,61	+0,73	+0,22	+1,27	1,04	1,909	1,852
1,5·h	-0,52	+0,77	+0,10	+1,48	1,38	2,158	2,061
2·h	-0,44	+0,81	+0,00	+1,67	1,67	2,382	2,246
3·h	-0,35	+0,89	-0,16	+1,99	2,15	2,775	2,572
5·h	-0,24	+1,04	-0,39	+2,53	2,92	3,429	3,114
10·h	-0,14	+1,33	-0,78	+3,57	4,35	4,680	4,156
20·h	-0,07	+1,79	-1,31	+5,11	6,42	6,495	5,686

Anhang VIII: Parameter und Kosten der (t,T,Z,z)-Politik und LNQ-Politik im Modell mit Fixkosten

(VIII.1) Parameter der (t,T,Z,z)-Politik nach LP-Ansatz und Wertiteration

Tabelle 1: p=q=0 (LP-Ansatz)[1]

P=Q	v=h				v=3·h			
	t	T	Z	z	t	T	Z	z
0	0,0	0,0	0,0	0,0	+0,6	+0,6	+0,6	+0,6
0,1 hσ	-0,4	0,0	0,0	+0,4	+0,4	+0,6	+0,6	+1,0
0,5 hσ	-1,0	0,0	0,0	+1,0	0,0	+0,6	+0,6	+1,6
hσ	-1,4	0,0	0,0	+1,4	-0,2	+0,6	+0,6	+2,0
10 hσ	-3,4	0,0	0,0	+3,4	-1,6	+1,0	+1,0	+4,2
100 hσ	-7,6	0,0	0,0	+7,6	-4,0	+1,6	+1,6	+9,2

Tabelle 2: p=q=0 (Wertiteration)

P=Q	v=h				v=3·h			
	t	T	Z	z	t	T	Z	z
0	0,00	0,00	0,00	0,00	+0,67	+0,67	+0,67	+0,67
0,1 hσ	-0,50	0,00	0,00	+0,50	+0,30	+0,67	+0,67	+1,09
0,5 hσ	-1,06	0,00	0,00	+1,06	-0,11	+0,68	+0,68	+1,62
hσ	-1,42	0,00	0,00	+1,42	-0,36	+0,70	+0,70	+2,00
10 hσ	-3,44	0,00	0,00	+3,44	-1,63	+0,92	+0,92	+4,27
100 hσ	-7,91	0,00	0,00	+7,91	-4,21	+1,59	+1,59	+9,44

1) Die Intervallbreite d_x bei der Diskretisierung für den LP-Ansatz beträgt:

$$d_x = \begin{cases} 0{,}2 & \text{für } P \leq 10\,h\sigma \\ 0{,}4 & \text{für } P > 10\,h\sigma \end{cases}$$

Tabelle 3: p=q=h (LP-Ansatz)

	v=h				v=3·h			
P=Q	t	T	Z	z	t	T	Z	z
0	-0,6	-0,6	+0,6	+0,6	+0,2	+0,2	+1,2	+1,2
0,1 hσ	-1,0	-0,6	+0,6	+1,0	0,0	+0,2	+1,2	+1,6
0,5 hσ	-1,4	-0,6	+0,6	+1,4	-0,2	+0,2	+1,2	+2,0
hσ	-1,8	-0,6	+0,6	+1,8	-0,4	+0,4	+1,2	+2,4
10 hσ	-3,6	-0,2	+0,2	+3,6	-1,6	+0,8	+1,2	+4,4
100 hσ	-8,0	0,0	0,0	+8,0	-4,0	+1,6	+1,6	+9,6

Tabelle 4: p=q=h (Wertiteration)

	v=h				v=3·h			
P=Q	t	T	Z	z	t	T	Z	z
0	-0,70	-0,70	+0,70	+0,70	+0,22	+0,22	+1,27	+1,27
0,1 hσ	-1,09	-0,68	+0,68	+1,09	-0,06	+0,23	+1,25	+1,65
0,5 hσ	-1,53	-0,56	+0,56	+1,53	-0,38	+0,28	1,21	+2,11
hσ	-1,83	-0,53	+0,53	+1,83	-0,58	+0,33	+1,18	+2,44
10 hσ	-3,68	-0,29	+0,29	+3,68	-1,74	+0,72	+1,19	+4,53
100 hσ	-8,02	-0,13	+0,13	+8,02	-4,26	+1,49	+1,72	+9,57

Tabelle 5: p=q=5·h (LP-Ansatz)

P=Q	v=h				v=3·h			
	t	T	Z	z	t	T	Z	z
0	-1,8	-1,8	+1,8	+1,8	-0,4	-0,4	+2,6	+2,6
0,1 hσ	-2,0	-1,8	+1,8	+2,0	-0,6	-0,4	+2,4	+2,8
0,5 hσ	-2,4	-1,6	+1,6	+2,4	-0,8	-0,4	+2,4	+3,2
hσ	-2,8	-1,6	+1,6	+2,8	-1,0	-0,2	+2,4	+3,4
10 hσ	-4,4	-1,0	+1,0	+4,4	-2,0	+0,2	+2,0	+5,4
100 hσ	-8,4	-0,8	+0,8	+8,4	-4,4	+1,2	+2,4	+10,0

Tabelle 6: p=q=5·h (Wertiteration)

P=Q	v=h				v=3·h			
	t	T	Z	z	t	T	Z	z
0	-1,82	-1,82	+1,82	+1,82	-0,39	-0,39	+2,53	+ 2,53
0,1 hσ	-2,17	-1,78	+1,78	+2,17	-o,62	-0,37	+2,49	+ 2,89
0,5 hσ	-2,56	-1,66	+1,66	+2,56	-0,87	-0,32	+2,40	+ 3,29
hσ	-2,81	-1,56	+1,56	+2,81	-1,04	-0,25	+2,32	+ 3,57
10 hσ	-4,42	-1,08	+1,08	+4,42	-2,06	-0,23	+2,05	+ 5,39
100 hσ	-8,46	-0,59	+0,59	+8,46	-4,44	+1,15	+2,20	+10,07

Tabelle 7: p=q=10·h (LP-Ansatz)

P=Q	v=h				v=3·h			
	t	T	Z	z	t	T	Z	z
0	-2,8	-2,8	+2,8	+2,8	-0,8	-0,8	+3,6	+3,6
0,1 hσ	-3,0	-2,6	+2,6	+3,0	-1,0	-0,8	+3,6	+3,8
0,5 hσ	-3,4	-2,6	+2,6	+3,4	-1,2	-0,8	+3,4	+4,2
hσ	-3,6	-2,4	+2,4	+3,6	-1,2	-0,6	+3,4	+4,4
10 hσ	-5,0	-1,8	+1,8	+5,0	-2,2	-0,2	+3,0	+6,2
100 hσ	-8,8	-1,2	+1,2	+8,8	-4,4	+0,8	+2,8	+10,4

Tabelle 8: p=q=10·h (Wertiteration)

P=Q	v=h				v=3·h			
	t	T	Z	z	t	T	Z	z
0	-2,70	-2,70	+2,70	+2,70	-0,78	-0,78	+3,57	+ 3,57
0,1 hσ	-3,05	-2,65	+2,65	+3,05	-1,00	-0,77	+3,53	+ 3,92
0,5 hσ	-3,41	-2,51	+2,51	+3,41	-1,24	-0,71	+3,41	+ 4,31
hσ	-3,66	-2,40	+2,40	+3,66	-1,40	-0,64	+3,31	+ 4,57
10 hσ	-5,15	-1,81	+1,81	+5,15	-2,36	-0,15	+2,90	+ 6,23
100 hσ	-8,95	-1,10	+1,10	+8,95	-4,64	+0,86	+2,79	+10,63

Tabelle 9: p=q=0 ; v=3·h ; Q=0

	LP-Ansatz				Wertiteration			
P	t	T	Z	z	t	T	Z	z
0,1 hσ	+0,4	+0,8	+0,8	+0,8	+0,32	+0,71	+0,71	+0,71
hσ	-0,2	+1,0	+1,0	+1,0	-0,25	+0,92	+0,92	+0,92
10 hσ	-1,2	+1,8	+1,8	+1,8	-1,36	+1,74	+1,74	+1,74
100 hσ	-3,6	+4,0	+4,0	+4,0	-3,65	+3,72	+3,72	+3,72

Tabelle 10: p=q=h ; v=3·h ; Q=0

	LP-Ansatz				Wertiteration			
P	t	T	Z	z	t	T	Z	z
0,1 hσ	0,0	+0,2	+1,2	+1,2	-0,05	+0,25	+1,29	+1,29
hσ	-0,4	+0,4	+1,4	+1,4	-0,52	+0,43	+1,45	+1,45
10 hσ	-1,4	+1,2	+2,0	+2,0	-1,53	+1,17	+2,09	+2,09
100 hσ	-3,6	+3,2	+4,0	+4,0	-3,73	+3,09	+4,01	+4,01

Tabelle 11: p=q=10·h ; v=3·h ; Q=0

	LP-Ansatz				Wertiteration			
P	t	T	Z	z	t	T	Z	z
0,1 hσ	-0,8	-0,8	+3,6	+3,6	-1,00	-0,76	+3,58	+3,58
hσ	-1,2	-0,6	+3,6	+3,6	-1,38	-0,62	+3,65	+3,65
10 hσ	-2,2	0,0	+4,0	+4,0	-2,25	-0,02	+4,01	+4,01
100 hσ	-4,0	+1,6	+5,6	+5,6	-4,27	+1,47	+5,39	+5,39

(VIII.2) Kosten bei (t,T,Z,z)-Politik und einfacher LNQ-Politik

Tabelle 1: v=h

P=Q	p=q=0		p=q=h		p=q=5·h		p=q=10·h	
	C_L^*	C^*	C_L^*	C^*	C_L^*	C^*	C_L^*	C^*
0	0,80	0,80	1,38	1,32	2,65	2,40	3,66	3,28
0,1 hσ	0,90	0,87	1,48	1,36	2,75	2,42	3,76	3,30
0,5 hσ	1,30	1,05	1,88	1,47	3,15	2,49	4,16	3,35
hσ	1,80	1,19	2,38	1,57	3,65	2,55	4,66	3,39
10 hσ	10,80	2,11	11,38	2,34	12,65	3,08	13,66	3,81
100 hσ	100,80	4,30	101,38	4,42	102,65	4,86	103,66	5,35

Tabelle 2: v=3·h

P=Q	p=q=0		p=q=h		p=q=5·h		p=q=10·h	
	C_L^*	C^*	C_L^*	C^*	C_L^*	C^*	C_L^*	C^*
0	1,27	1,27	1,91	1,85	3,43	3,11	4,68	4,16
0,1 hσ	1,37	1,35	2,01	1,90	3,53	3,14	4,78	4,18
0,5 hσ	1,77	1,56	2,41	2,04	3,93	3,23	5,18	4,24
hσ	2,27	1,74	2,91	2,17	4,43	3,31	5,68	4,30
10 hσ	12,27	2,92	11,91	3,19	13,43	4,04	14,68	4,90
100 hσ	102,27	5,83	101,91	5,97	103,43	6,47	104,68	7,04

Tabelle 3: v=3·h ; Q=0

P	p=q=0		p=q=h		p=q=10·h	
	c_L^*	c^*	c_L^*	c^*	c_L^*	c^*
0,1 hσ	1,32	1,31	1,96	1,88	4,73	4,17
hσ	1,77	1,53	2,41	2,03	5,18	4,24
10 hσ	6,27	2,32	6,91	2,67	9,68	4,60
100 hσ	51,27	4,40	51,91	4,60	54,68	5,59

(VIII.3) Parameter und Kosten der LNO-Politik mit variablem Entscheidungszyklus

Tabelle 1: p=q=0 ; v=h => $\mu^*=0$

P=Q	κ^*	n^*	c_z^*	c^*	$\pi(x)$ [1]	$\bar{n}$
0	-1,00	1	0,80	0,80	0,00	1,0
0,1 hσ	-1,00	1	0,90	0,87	0,37	1,6
0,5 hσ	-1,00	2	1,21	1,05	0,65	2,8
hσ	-1,00	3	1,44	1,19	0,77	4,2
10 hσ	-1,00	12	2,78	2,11	0,94	16,1
100 hσ	-1,00	52	5,78	4,30	0,99	71,7

1) $\pi(x) = \text{Prob}\{t \leq x \leq z\}$ ... Wahrscheinlichkeit, daß das stationäre Lager zwischen den Interventionspunkten der (t,T,Z,z)-Politik liegt.

Tabelle 2: p=q=h ; v=h => $\mu^*=0$

P=Q	κ^*	n^*	C_z^*	C^*	$\pi(x)$	$\bar{n}$
0	-0,50	1	1,38	1,32	0,46	1,9
0,1 hσ	-0,50	1	1,48	1,36	0,64	2,8
0,5 hσ	-0,79	3	1,68	1,47	0,78	4,5
hσ	-0,84	4	1,84	1,57	0,83	5,9
10 hσ	-0,95	13	3,00	2,34	0,95	19,0
100 hσ	-0,99	54	5,29	4,42	0,99	72,6

Tabelle 3: p=q=10·h ; v=h => $\mu^*=0$

P=Q	κ^*	n^*	C_z^*	C^*	$\pi(x)$	$\bar{n}$
0	-0,09	1	3,66	3,28	0,81	5,1
0,1 hσ	-0,25	3	3,70	3,30	0,87	7,5
0,5 hσ	-0,42	6	3,79	3,35	0,91	10,9
hσ	-0,51	8	3,86	3,39	0,92	13,1
10 hσ	-0,77	20	4,53	3,81	0,97	30,8
100 hσ	-0,98	63	6,85	5,35	0,99	88,0

Anhang IX: Parameter und Kosten der LNQ- und DDO-Politik im Modell ohne Fixkosten (P=Q=0)

(IX.1) Bei unkorrelierter Nachfrage (a=0)

	v=h		v=1,5·h		v=2·h		v=3·h		v=20·h	
p=q	C_L^*	C_D	C_L^*	C_D	C_L^*	C_D	C_L^*	C_D	C_L^*	C_D
0	0,798	0,798	0,966	0,997	1,091	1,197	1,271	1,596	2,083	8,378
0,1 h	0,874	0,878	1,043	1,077	1,168	1,277	1,349	1,676	2,161	8,458
0,5 h	1,128	1,197	1,305	1,396	1,435	1,596	1,622	1,995	2,450	8,777
h	1,382	1,596	1,573	1,795	1,712	1,995	1,909	2,394	2,768	9,176
2 h	1,784	2,394	2,004	2,593	2,161	2,793	2,382	3,192	3,315	9,974
10 h	3,656	8,777	4,043	8,976	4,312	9,176	4,680	9,575	6,130	16,357
20 h	5,109	16,756	5,636	16,955	6,000	17,154	6,495	17,554	8,415	32,314

Der optimale Sicherheitsbestand und die Kostenreduktion beim DDO-Verfahren durch die Anwendung dieses Sicherheitsbestandes hängen nur von den Lagerkostenparametern v und h ab:

v	m^*	$C_D - C_D^*$
h	0	0
1,5 h	0,253	0,032
2 h	0,431	0,106
3 h	0,674	0,325
20 h	1,668	6,295

(IX.2) Bei korrelierter Nachfrage (a>0)

Tabelle 1: a=0,1

	v=h				v=2·h			
p=q	κ^*	μ^*	c_L^*	c_D	κ^*	μ^*	c_L^*	c_D
0	-1,00	0	0,798	0,798	-1,00	0,43	1,091	1,197
0,1 h	-0,92	0	0,882	0,886	-0,94	0,43	1,175	1,285
0,5 h	-0,69	0	1,167	1,237	-0,75	0,45	1,474	1,636
h	-0,52	0	1,455	1,68	-0,60	0,48	1,787	2,07
2 h	-0,35	0	1,912	2,55	-0,42	0,55	2,298	2,95
10 h	-0,09	0	4,023	9,57	-0,12	0,97	4,730	9,97
20 h	-0,05	0	5,647	18,35	-0,06	1,33	6,621	18,75

Tabelle 2: a=0,3

	v=h				v=2·h			
p=q	κ^*	μ^*	c_L^*	c_D	κ^*	μ^*	c_L^*	c_D
0	-1,00	0	0,798	0,798	-1,00	0,43	1,091	1,197
0,1 h	-0,93	0	0,898	0,902	-0,95	0,43	1,192	1,301
0,5 h	-0,73	0	1,253	1,318	-0,78	0,45	1,560	1,717
h	-0,57	0	1,626	1,84	-0,64	0,48	1,960	2,24
2 h	-0,38	0	2,235	2,88	-0,46	0,56	2,633	3,28
10 h	-0,10	0	5,042	11,19	-0,13	1,14	5,878	11,59
20 h	-0,05	0	7,166	21,58	-0,07	1,63	8,363	21,98

Tabelle 3: a=0,5

p=q	v=h				v=2·h			
	κ^*	μ^*	C_L^*	C_D	κ^*	μ^*	C_L^*	C_D
0	-1,00	0	0,798	0,798	-1,00	0,43	1,091	1,197
0,1 h	-0,94	0	0,917	0,920	-0,95	0,43	1,210	1,319
0,5 h	-0,76	0	1,355	1,407	-0,81	0,44	1,660	1,806
h	-0,62	0	1,842	2,01	-0,69	0,47	2,170	2,41
2 h	-0,44	0	2,682	3,21	-0,52	0,55	3,076	3,61
10 h	-0,10	0	6,761	12,86	-0,14	1,34	7,769	13,26
20 h	-0,05	0	9,812	24,93	-0,07	2,08	11,361	25,33

Tabelle 4: a=0,7

p=q	v=h				v=2·h			
	κ^*	μ^*	C_L^*	C_D	κ^*	μ^*	C_L^*	C_D
0	-1,00	0	0,798	0,798	-1,00	0,43	1,091	1,197
0,1 h	-0,95	0	0,942	0,944	-0,96	0,43	1,235	1,343
0,5 h	-0,80	0	1,494	1,529	-0,84	0,44	1,795	1,924
h	-0,68	0	2,143	2,25	-0,74	0,46	2,460	2,65
2 h	-0,52	0	3,346	3,69	-0,59	0,51	3,711	4,09
10 h	-0,12	0	10,218	15,19	-0,18	1,47	11,380	15,59
20 h	-0,06	0	15,548	29,53	-0,08	2,78	17,683	29,93

Tabelle 5: a=0,9

p=q	v=h				v=2·h			
	κ^*	μ^*	C_L^*	C_D	κ^*	μ^*	C_L^*	C_D
0	-1,00	0	0,798	0,798	-1,00	0,43	1,091	1,197
0,1 h	-0,96	0	1,009	1,010	-0,97	0,43	1,302	1,409
0,5 h	-0,86	0	1,844	1,858	-0,89	0,43	2,140	2,257
h	-0,76	0	2,872	2,90	-0,81	0,44	3,174	3,30
2 h	-0,64	0	4,894	5,00	-0,70	0,46	5,213	5,40
10 h	-0,25	0	20,121	21,79	-0,34	0,80	20,756	22,19
20 h	-0,09	0	36,437	42,77	-0,15	2,18	38,439	43,16

Der Kostenrückgang bei der DDO-Politik durch Einführung eines optimalen Sicherheitsbestandes hängt für $p+q \leq \min[h;v]$ ebenso wie im unkorrelierten Fall (a=0) nur von v und h ab. Für v=2·h beträgt die Kostendifferenz: $C_D - C_D^* = 0{,}106$.

Für $p+q > \min[h;v]$ kann diese Kostendifferenz auch von p und q abhängen, wie die folgende Tabelle zeigt:

Tabelle 6: Kostendifferenz $C_D - C_D^*$ für v=2·h:

p=q \ a	0,1	0,5	0,9
h	0,10	0,10	0,10
2 h	0,10	0,10	0,10
10 h	0,10	0,10	0,07
20 h	0,10	0,04	0,02

Anhang X: Kostenabweichung zwischen HMMS- und LNQ-Verfahren

(1) Die Kostenabweichung $D(\tilde{C}_L, C_L^*)$ für v=h; p=q=h; P=Q=0

Tabelle 1: a=0

$\tilde{\Theta}$ \ $\tilde{\mu}$	$\mu^*-\sigma$	μ^*	$\mu^*+\sigma$
0,1 Θ^*	35	8	35
Θ^*	24	0	24
10 Θ^*	32	16	32

Tabelle 2: a=0,1

$\tilde{\Theta}$ \ $\tilde{\mu}$	$\mu^*-\sigma^*$	μ^*	$\mu^*+\sigma$
0,1 Θ^*	33	8	33
Θ^*	22	0	22
10 Θ^*	32	16	32

Tabelle 3: a=0,5

$\tilde{\Theta}$ \ $\tilde{\mu}$	$\mu^*-\sigma$	μ^*	$\mu^*+\sigma$
0,1 Θ^*	26	6	26
Θ^*	18	0	18
10 Θ^*	30	20	30

Tabelle 4: a=0,9

$\tilde{\Theta}$ \ $\tilde{\mu}$	$\mu^*-\sigma$	μ^*	$\mu^*+\sigma$
0,1 Θ^*	14	1	14
Θ^*	12	0	12
10 Θ^*	19	11	19

(2) Die Kostenabweichung $D(\tilde{C}_L, C_L^*)$ für v=2·h; p=q=10·h; P=Q=0

Tabelle 1: a=0

$\tilde{\Theta}$ \ $\tilde{\mu}$	$\mu^*-\sigma$	μ^*	$\mu^*+\sigma$
0,1 Θ^*	21	17	30
Θ^*	6	0	6
10 Θ^*	27	19	18

Tabelle 2: a=0,1

$\tilde{\Theta}$ \ $\tilde{\mu}$	$\mu^*-\sigma$	μ^*	$\mu^*+\sigma$
0,1 Θ^*	20	18	29
Θ^*	5	0	5
10 Θ^*	26	19	17

Tabelle 3: a=0,5

$\tilde{\Theta}$ \ $\tilde{\mu}$	$\mu^*-\sigma$	μ^*	$\mu^*+\sigma$
0,1 θ^*	16	17	25
θ^*	2	0	2
10 θ^*	23	19	17

Tabelle 4: a=0,9

$\tilde{\Theta}$ \ $\tilde{\mu}$	$\mu^*-\sigma$	μ^*	$\mu^*+\sigma$
0,1 θ^*	4	4	7
θ^*	2	0	1
10 θ^*	14	12	11

Literaturverzeichnis

[1] BECKMANN, M.J. — "Production Smoothing and Inventory Control", Operations Research, Vol. 9, (1961), pp 456-467.

[2] BELLMANN, R. — "Some Problems in the Theory of Dynamic Programming", Econometrica, Vol. 22, (1954), pp 37-48.

[3] BOX, G., JENKINS, G. — "Time Series Analysis, Forecasting and Control", Holden-Day, 1970.

[4] BÜHLER, G. — "Zur Form der optimalen Politik im Durchschnittskostenfall bei Produktions-Lagerhaltungs-Modellen", Operations Research Verfahren, Bd. XXII, (1976), pp 12-34.

[5] EILON, S., ELMALEH, J. — "Adaptive Limits in Inventory Control", Management Science, Vol. 16, (1970), pp 533-548.

[6] ELTON, E.J., GRUBER, M.J. — "On the Cash Balance Problem", Operational Research Quarterly, Vol. 25, (1974), pp 553-572.

[7] EPPEN, G.D., FAMA, E.F. — "Solutions for Cash Balance and Simple Dynamic Portfolio Problems", Journal of Business, Vol. 41, (1968), pp 94-112.

[8] EPPEN, G.D., FAMA, E.F. — "Cash Balance and Simple Dynamic Portfolio Problems with Proportional Costs", International Economic Revue, Vol. 10, (1969), pp 119-133.

[9] GHELLINCK, G.T., EPPEN, G.D. — "Linear Programming Solutions for Separable Markovian Decision Problems", Management Science, Vol. 13, (1967), pp 371-394.

[10] GIRGIS, N.M. — "Optimal Cash Balance Levels", Management Science, Vol. 15, (1968), pp 130-140.

[11] HEDTSTÜCK, W. — Interne Diskussionsarbeit, FU-Berlin, Fachrichtung Operations Research, 1974.

[12] HEIL, J. "Optimale Zahlungsmittelreservierung im Rahmen eines Modells der Wiener-Filtertheorie", Dissertation, Regensburg, 1974.

[13] HOCHSTÄDTER, D. "Stochastische Lagerhaltungsmodelle", in der Reihe: Lecture Notes in Operations Research and Mathematical Economics, Springer Verlag, Berlin, 1969.

[14] HOCHSTÄDTER, D. "A Stationary Solution for the Cash Balance Problem, Operations Research Verfahren", Bd. X, (1971), pp 76-88.

[15] HOLT, C. MODIGLIANI, F. MUTH, I.F. SIMON, H.A. "Planning Production, Inventories, and Work Force", Prentice Hall, 1960.

[16] HOWARD, R.A. "Dynamische Programmierung und Markov-Prozesse", Verlag Industrielle Organisation, Zürich, 1965.

[17] INDERFURTH, K. "Zur Güte von Produktionsglättungsmodellen mit linearen Entscheidungsregeln", Interner Diskussionsbericht, FU-Berlin, Fachrichtung Operations Research, 1973.

[18] JÄGER, K. "Dynamische Sicherheitsäquivalente in Produktionsglättungs- und Lagerhaltungsmodellen, Dissertation, Berlin, 1975.

[19] KISTNER, K.-P. "Taktische und strategische Modelle der Kassenhaltungstheorie", Zeitschrift für Betriebswirtschaft, Nr. 10, (1975), pp 619-648.

[20] KLEMM, H. MIKUT, M. "Lagerhaltungsmodelle", Verlag Die Wirtschaft, Berlin, 1972.

[21] LENZ, H.-J. "Anwendung von Zeitreihenanalyse- und Prognoseverfahren zur Optimierung der Kassenhaltung bei autokorrelierten Zahlungsprozessen", Dissertation, Berlin, 1973.

[22] MALINVAUD, E. "Statistical Methods of Econometrics", North-Holland Publishing Company, Amsterdam-London, 1970.

[23] MANNE, A.S. "Linear Programming and Sequential Decisions", Management Science, Vol. 6, (1960), pp 259-267.

[24] MEYER, R.F. MUIJEN "The Production Planning of Many-Product Assembly Operations", The International Journal of Production Research, Vol. 5, (1966), pp 61-175.

[25] MILLER, M.H. "The Demand for Money by Firms: Extension of Analytical Results", Journal of Finance, Vol. 23, (1968), pp 735-759.

[26] NEAVE, E.H. "The Stochastic Cash Balance Problem with Fixed Costs for Increases and Decreases", Management Science, Vol. 16, (1970), pp 472-490.

[27] OHSE, D. "Näherungsverfahren zur Bestimmung der wirtschaftlichen Bestellmenge bei schwankendem Bedarf", Elektronische Datenverarbeitung, 12, (1970), pp 83-88.

[28] SCARF, H. "The Optimality of (s,S)-Policies in the Dynamic Inventory Model", Kapitel 13 in ARROW, KARLIN, SUPPES: "Mathematical Methods in the Social Sciences", Stanford, University Press, Stanford, 1960, pp 196-202.

[29] SCHNEEWEISS, Ch. "Regelungstechnische stochastische Optimierungsverfahren", in der Reihe: Lecture Notes in Operations Research and Mathematical Systems, Springer Verlag, Berlin, 1971.

[30] SCHNEEWEISS, Ch. "Über den Zusammenhang von quadratischer stochastischer Dynamischer Programmierung und Wiener-Newton-Theorie", Operations Research Verfahren, XIII, (1972), pp 362-379.

[31] SCHNEEWEISS, Ch. "Optimal Production Smoothing and Safety Inventory", Management Science, Vol. 20, (1974), pp 1122-1130.

[32] SCHNEEWEISS, CH. "Dynamisches Programmieren", Physica-Verlag, Würzburg-Wien, 1974.

[33] SCHNEEWEISS, Ch. "Dynamic Certainty Equivalents in Production Smoothing Theory", International Journal of Systems Science, Vol. 6, (1975), pp 353-365.

[34] SCHNEIDER, H. "(S,S)-Versus (s,S)-Policies in Inventory Problems", Interne Diskussionsarbeit, Freie Universität Berlin, Fachrichtung Operations Research, 1975.

[35] THEIL, H. "A Note on Certainty Equivalence in Dynamic Planning", Econometrica, Vol. 25, (1957), pp 346-349.

[36] THEIL, H. "Optimal Decision Rules for Government and Industry", North Holland Publishing Company, Amsterdam, 1964.

[37] WAGNER, E. "Untersuchungen über die Kostenabhängigkeit der Geldnachfrage: Ein dynamisches Programmierungsmodell für die Kassenhaltung", Frankfurter Wirtschafts- und Sozialwissenschaftliche Studien, Heft 13, Duncker und Humblot, Berlin, 1965.

[38] WHISLER, W.D.Z. "A Stochastic Inventory Model for Rented Equipment", Management Science, Vol. 13, (1967), pp 640-647.

GPSR Compliance

The European Union's (EU) General Product Safety Regulation (GPSR) is a set of rules that requires consumer products to be safe and our obligations to ensure this.

If you have any concerns about our products, you can contact us on ProductSafety@springernature.com

In case Publisher is established outside the EU, the EU authorized representative is:

Springer Nature Customer Service Center GmbH
Europaplatz 3
69115 Heidelberg, Germany

Batch number: 10809472

Printed by Printforce, the Netherlands